SOAR
中国玻璃纤维工业
GLASS FIBER INDUSTRY OF CHINA

中国玻璃纤维工业协会　　组编

张福祥　危良才　尹续宗　　主编

U0224164

中国建材工业出版社

图书在版编目（CIP)数据

腾飞：中国玻璃纤维工业 / 张福祥，危良才，尹续
宗主编；中国玻璃纤维工业协会组织编写. -- 北京：
中国建材工业出版社，2017.11
ISBN 978-7-5160-2095-1

Ⅰ. ①腾… Ⅱ. ①张… ②危… ③尹… ④中… Ⅲ.
①玻璃纤维－化学工业－概况－中国 Ⅳ. ①TQ171

中国版本图书馆CIP数据核字(2017)第279404号

腾飞——中国玻璃纤维工业
中国玻璃纤维工业协会　　组编
张福祥　危良才　尹续宗　　主编

出版发行：中国建材工业出版社
地　　　址：北京市海淀区三里河路1号
邮政编码：100044
经　　　销：全国各地新华书店
印　　　刷：北京天恒嘉业印刷有限公司
开　　　本：889mm×1194mm　1/16
印　　　张：10.5
字　　　数：220千字
版　　　次：2017年11月第1版
印　　　次：2017年11月第1次
定　　　价：88.00元

本社网址：www.jccbs.com　　　微信公众号：zgjcgycbs
本书如出现印装质量问题，由我社市场营销部负责调换。联系电话：（010）88386906

支持单位

巨石集团有限公司

泰山玻璃纤维有限公司

重庆国际复合材料有限公司

四川省玻纤集团有限公司

四川威玻新材料集团有限公司

邢台金牛玻纤有限责任公司

江西罗边玻纤有限公司

陕西华特玻纤材料集团有限公司

江西长江玻璃纤维有限公司

江油石原玻纤有限公司

美龙环保滤材科技（营口）有限公司

山东创佳新材料有限公司

江苏九鼎新材料股份有限公司

华鑫玻璃纤维制品有限公司

爱杰维（上海）玻纤材料有限公司

山东义和诚集团实业有限公司

亨得利高分子材料科技有限公司

林州光远新材料科技有限公司

常州市第八纺织机械厂

润源经编机械有限公司

浙江磊纳微粉材料有限公司

胜利油田新大管业科技发展有限公司

常州市宏发纵横新材料科技股份有限公司

编写组

尹续宗　刘　丽　王　乐　刘长雷　孙红梅　周丽新

封面题字

杨万嘉

前言
preface

谨以此书献给
曾为我国玻纤事业做出贡献的人们！

——张福祥

一生只做一件事

如果你是一滴水，你是否滋润了一寸土地？如果你是一缕阳光，你是否照亮了一分黑暗？如果你是一颗粮食，你是否哺育了有用的生命？如果你是一颗最小的螺丝钉，你是否永远坚守在你工作的岗位？我们只有紧紧钉在岗位上，才能发挥最大潜能，做出最大贡献。

不知不觉进入玻纤/复材行业已经四十余年了，从最初的学徒工，到提干、上学，然后走进机关，数十年的风雨兼程，见证并亲历了行业的蓬勃发展。一路走来，有欢笑也有泪水，一桩桩往事历历在目，构成了我人生路上的一个又一个驿站。在行业协会秘书处工作 30 年之久，我没有为行业做出什么了不起的贡献，也没取得值得炫耀的业绩，我只是尽心、尽职做好属于自己岗位的工作，积极配合企业与政府的沟通，确保产业上下游各环节通畅，为我一生挚爱的事业倾尽绵薄之力。

在漫漫的人生历程中，我选择了一生只干一件事，从未动摇，不曾有过片刻偷闲，也从来没有碌碌无为地蹉跎岁月。如果行业是一条船，我就是这条船上划桨的众人之一，与大家齐心协力，共同将这条大船驶向理想的彼岸；如果行业是一棵树，我只是前辈们种下的这棵树下的渺小根须，尽我所能拼命汲取土壤里的养分，让它茁壮成长，长成参天大树。因为选择，所以不惧；因为梦想，所以执着；因为热爱，所以坚守！今天，我终于可以自豪地说，此生属于事业，此生属于玻纤，我无怨无悔！长江后浪推前浪，江山代有才人出。我期待也坚信后来人会比我干得更好！行业的明天一定会更美好！

解甲归田，闲人放马南山，从此挥洒烟霞写夕阳！虽然有千般万般不舍，请相信，我会永远守望行业这棵大树，直到永远……

恭祝大家健康平安。

张福祥

2017 年 10 月

目录
contents

第一章　东方日出（1949—1959）

第一节　中国玻纤工业的星星之火 …………… 03

第二节　中国玻纤工业的初期建设 …………… 06

第三节　东方日出之技术成果 …………… 08

第二章　石破天惊（1959—1969）

第一节　三线建设 …………… 13

第二节　玻纤技术攻关战 …………… 15

第三节　20 世纪 60 年代成立的玻纤厂 …………… 19

第四节　玻纤产品 …………… 20

第三章　封锁重重（1969—1979）

第一节　玻纤行业发展的三个"马鞍形" …………… 25

第二节　众人拾柴火焰高 …………… 27

第三节　曲折中前进 …………… 28

第四节　小玻纤厂蓬勃发展 …………… 29

第四章　投石问路（1979—1989）

第一节　经济体制转变下的冲击与契机 …………33

第二节　我国玻纤行业引进潮 …………35

第三节　玻纤行业内部的横向经济联合 …………39

第四节　改革硕果 …………41

第五章　扬帆起航（1989—1999）

第一节　池窑梦"梦想成真" …………47

第二节　"八五"期间玻纤工业的发展 …………48

第三节　中国玻纤标准逐步完善 …………54

第四节　扬帆起航之玻纤硕果 …………56

第六章　群龙起舞（1999—2009）

第一节　金融危机下的玻纤行业 …………61

第二节　练内功，有力度 …………61

第三节　玻纤热潮 …………67

第四节　群龙起舞 …………………………………… 68

第五节　百花齐放　百家争鸣 …………………… 76

第六节　设备制造紧跟国际各显实力 ………… 110

第七节　小结 …………………………………………… 115

第七章　腾飞中国龙（2009 至今）

第一节　"十二五"引航中国玻纤业 ………… 119

第二节　中国玻璃纤维行业国际地位大提升 … 121

第三节　玻璃纤维行业实行准入公告管理 ……… 127

第四节　砥砺前行，玻纤复合材料行业
　　　　转型升级正当时 ……………………… 129

第五节　纤维复合材料工业"十三五"发展规划 …135

第六节　腾飞中国龙 ………………………………… 146

第七节　科技支撑，绿色发展，铸梦全球 ……… 151

第八节　结语 …………………………………………… 156

第一章

东方日出 （1949—1959）

第一章

东方日出 (1949—1959)

　　20世纪30年代，中国人虽然看到了玻璃纤维市场的光明前景，但是此时的中国对玻纤这一行业还知之甚少。为了推动玻纤行业的发展，早日融入国际大潮，勤劳勇敢的中国玻纤人，怀揣创业兴国的伟大梦想，点燃了玻纤工业的星星之火，在发展壮大的历史长河中，造就了玻纤工业发展的燎原之势。

　　再冷的寒冰也浇灭不了这希望的火种，再冷的寒风也减缓不了他们心中的热情。艰难的生存环境、艰辛的试验历程，都无法阻止他们对伟大梦想的追求。他们用灵巧、苦干、巧干的双手托起了希望的朝阳，他们用勤劳和智慧在峥嵘岁月里写下辉煌。他们，就是中国玻纤行业的开拓者和先行者，他们把深邃的目光投向远方，泰山压不垮他们挺拔的脊梁，玻纤发展的旗帜在他们手中猎猎飘扬。

第一节 中国玻纤工业的星星之火

玻璃纤维（glass fiber）是一种性能优异的无机非金属材料，以玻璃球或废旧玻璃为原料，经高温熔制、拉丝、络纱、织布等工艺制造而成。向来以脆闻名的玻璃，一旦被加热到一定程度，就能拉制成直径仅为几微米的玻璃纤维，玻璃纤维像合成纤维一样柔软，但它的坚韧程度甚至可以超过同样粗细的不锈钢丝。

玻璃纤维集一系列优越性能于一身：轻质高强、耐高温、耐腐蚀、不霉、不烂、吸湿性低、伸长率小、电绝缘性能好等等。用玻璃纤维拧成的玻璃绳，被称为"绳中之王"，仅有一根手指粗细的玻璃绳，就可以吊起一辆装满货物的卡车。用玻璃纤维还可以织出各式各样的编织物——玻璃布，耐酸耐碱，是十分理想的化学滤布。玻璃纤维可用于制作耐高温耐化学腐蚀的工业过滤材料、防水防腐材料、建筑装饰材料、增强橡胶、增强水泥、增强石膏以及航空航天材料等特殊制品。

追溯历史，人类早就认识了玻璃纤维。古埃及人、古哥特人就已经知道从半熔石英石和碳酸钠的熔浆中快速拉出粗细不均、长度仅为几个厘米的玻璃纤维，作为豪华器皿上的一种装饰。但那时人们对玻璃纤维的应用还仅仅停留在表面装饰阶段，并没有真正地了解玻璃纤维的神奇。

20 世纪之前，人们对玻璃纤维的认识还处于非常浅显的阶段，在工业上应用仍然较少。第二次工业革命以后，窑炉、冶炼、机械、化工等技术的发展，使得玻璃纤维的神奇特性开始被人们熟知，并进入工业化生产领域，被多个行业广泛应用。尽管如此，从国际范畴来说，玻璃纤维工业仍是一门新兴工业，真正形成一门现代工业，要从美国发明用铂坩埚拉制连续纤维开始算起，即 20 世纪 30 年代。

玻璃纤维性能好，用途广，中国人也想将玻璃纤维工业在中国发展起来，然而中国玻璃纤维工业的发展却要晚于国际范围的玻璃纤维工业。玻纤工业的曙光真正照射到中国，是 20 世纪 40 年代后期。在那个一穷二白的年代，百废待兴，创业艰难。当时技术基础薄弱，条件有限，我国还只能生产绝缘材料用的初级纤维。方兴未艾，任重道远，老一辈玻纤人肩负重任，在生活和生产设备极其简陋的条件下，筚路蓝缕，以启山林，创建了早期的玻纤厂，不断突破技术难关。1958 年以后，玻璃纤维工业在中国终于得以迅速发展。

在玻璃纤维工业发展壮大的过程中，中国几代玻纤人走过了一条起伏变化、坎坷不平的道路。追随着第一批玻纤企业诞生的历程和老一辈玻纤人艰难的创业足迹，让我们来一起见证那来之不易的成果，见证玻纤行业的第一缕曙光。

一、程伟民和第一家玻纤厂

对于中国玻纤行业的人来说，程伟民这个名字无人不晓。他是中国玻璃纤维行业的创始人；他热爱玻璃纤维，十五岁时就与玻璃纤维结下了不解之缘；他用简陋的设备拉出了中国第一根玻璃纤维；他辗转曲折成立了中国玻纤史上第一家生产玻璃纤维的专业工厂；他一生致力于玻纤事业，默默耕耘，为玻纤工业发展无私奉献的同时，也乐享着玻纤带给他的快乐和成就。

20 世纪 30 年代，年仅十五岁的程伟民从一本杂志上看到德国用玻璃纤维替代石棉的消息，玻璃纤维布比石棉纤维布更耐酸耐碱，防潮防蚀，经久耐用，是非常理想的用于化学工业的过滤布。这一消息引起了他的极大兴趣，于是他一面学习化学、物理知识，一面进行玻璃纤维的研究试验。

经过两年的努力，1939年，程伟民用自制的、简陋的手工设备，拉出了长约1000m、直径约25μm的玻璃丝，这是中国第一根玻璃纤维。1946年12月1日，他自行设计了一种熔化玻璃的电热坩埚，能在一小时拉出一公斤的初级高碱玻璃纤维，并申请了专利。1947年4月，由中国科学图书仪器公司在上海出版发行的《科学画报》杂志第13卷第4期的扉页上披露了这一信息，该刊还在同一期刊物上刊登了答复函，如图1-1所示。

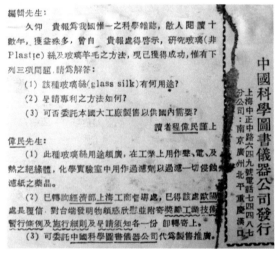

图1-1 程伟民1947年申请专利详情

程伟民原想借报刊报道扩大宣传，以求得到当时国民党政府的重视，获得赞助，以便投资办厂，进行批量生产。但他万万没有想到，不仅赞助没有求到，反被国民党反动政府以"非法制造军用品"的罪名敲诈去一笔钱。

从政府那里不能获取帮助，程伟民并没有放弃，他借助亲戚朋友的力量设法经营。1947年，他设法筹集到了少量资金，于当年7、8月间招收艺徒王秋兴，开了个家庭作坊，并在上海正式挂牌为"中国玻璃纤维工业社"，这是中国玻纤史上最早试制和生产玻璃纤维的专业工厂。

当时的上海纺织工业比较发达，织布工厂大量的织布机要使用很多钢筘。这种钢筘在生产使用中很容易生锈，20世纪40年代一直使用日本产的玻璃纤维筘刷来除锈。日本投降后，货源中断，市场上玻璃纤维筘刷非常紧俏。程伟民的中国玻璃纤维工业社为满足市场需求，首先就生产这种玻璃纤维钢筘除锈刷，并注册为老头牌。

1948年，资方方鼎三从程伟民那里购买了玻璃纤维的生产技术。1950年，方鼎三在自己家里正式开设了工厂，取名为上海斯美玻璃纤维厂，也生产玻璃纤维钢筘除锈刷。

1951年，中国玻璃纤维工业社和上海斯美玻璃纤维厂合并，成立中国斯美玻璃纤维制造厂。厂址设在提篮桥惠民路，当时有职工16人，生产品种有所扩大，他们用酚醛树脂热压成型制造的玻璃纤维隔离板，供蓄电池使用，销路很好。

二、第一根高级玻璃纤维研制成功

1956年第四季度，第二机械工业部把试制高级玻璃纤维的任务交给了中国斯美玻璃纤维制造厂。程伟民和妻子万本仪、工人王秋兴等人经过半年的反复试验，土法上马，用平板碎玻璃为原料，采用卧式陶土坩埚和镍铬合金漏板，终于拉出了直径为6μm的高级玻璃纤维，这是我国第一根高级有碱玻璃纤维。

成功研制出高级玻璃纤维丝的消息马上在玻纤行业传开，那份喜悦与成就感不仅仅属于程伟民及同事几个人，这一技术成果在渴望技术突破的当时，足以让整个行业为之振奋。同年10月17日，新华社对此重大科研成果发出了《青年工程师程伟民制成高级玻璃丝》的电讯，如图1-2所示。此消息在全国各地报纸转载、电台转播，《人民画报》还刊登了程伟民研究玻璃纤维的照片，如图1-3所示。高级玻璃纤维的拉丝过程以及原料和成品如图1-4、图1-5所示。

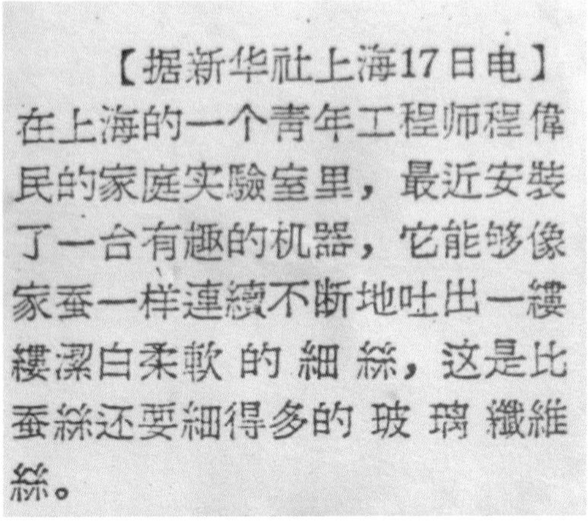

图1-2　新华社对程伟民制成高级玻璃丝的电讯

图1-3　程伟民工程师在研究玻璃纤维

图1-4　高级玻璃丝的拉丝过程（1957.10.13）

图1-5　程伟民试制成功的高级玻璃丝和原料

1957年6月4日，《人民日报》又发表了长篇通讯《养"机器蚕"的人》，详细报道了程伟民艰苦创业并试制成功玻璃纤维的全过程。《人民日报》对养"机器蚕"的人事件报道如图1-6所示。

图1-6　《人民日报》对养"机器蚕"的人事件报道

程伟民的重大科研成果填补了当时国内玻纤领域的空白，也给民族工业发展打了一剂强心针。玻纤事业受到各级政府的高度重视，上海市调拨土地、二机部给予资金支持，中国斯美玻璃纤维制造厂于1957年9月进行了动工扩建。本着勤俭办厂的原则，仅用40天，花费185000元，中国斯美玻璃纤维制造厂就完成了扩建工程，这是国内第一座高级玻璃纤维厂，在中国玻璃纤维行业史上画下了浓墨重彩的一笔。

三、中国斯美玻璃纤维厂扩建投产

历时40天，1957年11月15日，扩建后的中国斯美玻璃纤维制造厂建成投产。上海市副市长牛树才参加了该厂在华山路新厂址举行的开工典礼并亲自剪彩。这是当时我国第一座生产玻璃丝、玻璃纱和玻璃布的工厂，专门生产高级玻璃纤维。当地的报纸对此事高度关注，建成投产的第二天，上海的《解放日报》、《新闻日报》及《劳动报》都在显著版面报道了这一重大新闻，并强调"玻璃纤维工业是近代工业中极为重要同时又是一个最年轻的新兴工业"，还指出"斯美玻纤厂的扩建投产在我国新兴的玻璃纤维工业史上揭开了崭新的一页，对我国社会主义建设具有很大意义"。

《人民日报》在1958年1月29日发表了《四十天建成一座新工厂》的长篇报道，把斯美厂树为勤俭办企业的先进典型，如图1-7所示。中央新闻记录电影制片还到厂拍摄了专题影片。

图1-7 1958年仅用40天建成斯美玻纤厂的报道图片

1958年2月初，中国斯美玻纤厂自行研发设计、制造了国内第一台玻璃丝带机，并织出了晶莹细洁的银白色玻璃丝带。同年3月初，中国第一块用高级玻璃纤维织成的美若云锦的玻璃丝布也在该厂诞生。1959年，该厂又研制成功了玻璃丝绳。

党和国家领导人对斯美厂非常重视，新厂投产后不久，当时任中共中央副主席及国务院副总理的陈云就亲临该厂视察。后来视察该厂国家领导人还有叶剑英、贺龙、刘伯承、陈毅、聂荣臻、徐向前等。

1959年5月及1960年冬，时任中共中央副主席及全国人大委员长的朱德元帅曾先后两次到厂视察。党和国家领导人给予玻纤行业的重视和支持，极大地鼓舞了全体员工的生产热情和工作积极性，生产搞得热火朝天。

四、玻纤工业在中国扎根立足

1956年，中科院上海冶金陶瓷所殷之文，采用间接加热方式，拉出了直径 $2.6 \sim 6.1\ \mu m$ 的无碱玻璃纤维。1957年，中国建材院采用铂坩埚拉出了直径为 $4.5 \sim 7\ \mu m$ 的无碱玻璃纤维丝。

从陶土坩埚到铂坩埚拉丝技术，从初级玻璃纤维到高级无碱玻璃纤维，从最初简陋的手工设备到玻璃丝带机、捻线机，中国玻纤几乎是从零起点开始，肩负着振兴民族工业的责任和使命，用刻苦钻研的精神和锐意进取的执着信念，坚定地迈出了具有历史意义的一大步，玻纤工业在中国这片沃土上扎根立足。

第二节 中国玻纤工业的初期建设

大浪淘沙去，十年一剑成。玻璃纤维工业终于在中国扎根立足，并且取得了初步进展，开始了伟大的建设征程。然而玻纤工业在我国的初期建设并不是一帆风顺的，经历了不少挫折和挑战。

一、国内外形势

第二次世界大战以后，玻璃纤维增强塑料在国防、民用和工业方面的用途日益广泛，连续玻璃纤维得到了迅猛的发展。1958年，世界上第一座池窑拉丝工厂在美国建成并投产，它标志着世界玻纤工业的重大革命。虽然当时池窑年产量仅1000吨，但一出现就显示出强大的生命力，成为世界玻璃纤维生产技术的主流。20世纪50年代后的日本，其玻璃纤维生产技术也逐步走向了现代化。

中华人民共和国成立后，国家虽然非常重视玻纤工业的发展，国内对高碱和无碱纤维也已经试制出样品，但对于一门工业来说，这还是远远不够的。与世界玻纤业的发展水平仍相去甚远，一个已经开始了技术先进的池窑拉丝工艺生产高档玻纤产品，一个才刚刚从陶土坩埚工艺生产绝缘材料用的初级纤维中走出来。当时我国机电工业水平亟待提高，遇到的首要问题就是玻纤绝缘材料的供应严重不足，如果从国外进口，则要接受国际市场昂贵的价格。在国家迫切需要的情况下，建筑材料工业部积极制定了玻璃纤维工厂的建设计划。

一方面是认识到了玻纤在国防上的重要性，另一方面是机电工业对玻璃纤维的迫切需求，1958年5月12日，建筑工程部党组向毛主席和党中央上报了《关于争取玻璃纤维从空白点上来一个飞跃》的报告，提出玻璃纤维工业要努力赶上世界先进水平，必须贯彻依靠地方、依靠群众、大中小相结合的方针，迅速地发展玻璃纤维这门新兴工业。

二、向外借鉴、对内攻坚

我国玻璃纤维工业创建和发展的首功，当推原建筑材料工业部部长赖际发同志（图1-8）。1956年9月，建筑材料工业部成立，赖际发同志为第一任部长，他亲自筹划发展中国的玻纤业和玻璃钢工业，并号召各地开发新技术，研制新产品，玻纤行业掀起一股热潮。

图1-8　赖际发同志

1957年秋，原国家重工业部、建工部，曾组团出国考察，学习苏联的玻璃纤维研究、设计和生产技术，并制定了我国第一个玻璃纤维工业发展规划，为我国玻纤工业的建设发展打下了坚实的基础。

考察团在4个月的时间里，夜以继日，整理出了16份考察报告资料，名为《建材部访苏玻璃纤维考察报告》，这本汇编是我国第一本对玻璃纤维研究、设计、生产介绍得比较完整的技术资料，是我国进行第一批玻璃纤维工厂设计的基础资料，也是1959年在上海组织玻璃纤维工艺设备过关会战的重要参考资料。

1959年一季度，上海耀华厂拉丝车间建成投产，设计采用的工艺和设备，基本上全是仿照在苏联学习的资料设计的。投产后，随着管理和工人操作技术水平的提高，成品率虽有所提高，但废品率依然很高，有40%～50%的原丝开刀成为废品。原因之一是技术人员操作水平较低，另外，照搬外国的经验，仿造的设备还不够完善。因此，建工部决定1959年3月由玻陶局组织玻璃设计院、建材研究院，在上海耀华纤维车间开展玻璃纤维生产工艺设备改进定型会战。

千淘万漉虽辛苦，吹尽狂沙始到金。在此

次会战中，重点解决了坩埚的安装、石蜡浸润剂的质量、缝隙式排线轮的使用、捻线机的改装、控温仪表的控制等一系列技术问题。通过攻关试验，基本上掌握了玻璃纤维拉丝和纺织的生产工艺参数，制定了有关的操作规程和维修规程，同时，还初步制定出玻璃球、玻璃纱和玻璃布的外观检查企业标准（试行），最大的收获是从制球、拉丝到织布一系列的专业设备得到了初步的定型。

1959年8月25日，高级玻璃纤维工业现场会议召开，肯定了这次工艺、设备定型攻关会战的成绩。时任玻陶局局长的丁原做了会议总结，并提出了一些方针性意见，指导了我国玻纤工业的初期建设。

三、首批大中型玻纤厂建成投产

1958年4月，考察团回国，建筑工程部立即给玻璃设计院下达了在上海耀华玻璃厂建设一座年产500吨无碱玻璃纤维车间（包括玻璃球窑）的设计任务。同年，上海耀华厂年产500吨的无碱玻璃纤维车间投产，这标志着我国玻璃纤维工业正式诞生。

1958年下半年，建筑工程部又陆续向玻璃设计院下达了任务，在耀华厂纤维车间的技术基础上，继续开展杭州、厦门、洛阳、哈尔滨、南京、沈阳、九江、昆明、秦皇岛等玻纤厂和车间的设计。车间设计规模有年产1000吨及500吨两种。到1959年，基本完成了上述各厂的选厂和施工图纸设计。同时，还有天津第二玻璃厂，九江3525厂（现江西长江玻纤公司）和许多其他的玻纤厂，也在积极开展玻纤的试验工作。这些企业后来都成为我国早期玻璃纤维工业大型骨干企业。

为了落实这批新玻纤厂的建成投产，赖际发同志向朱德元帅汇报，一次批给进口铂铑合金4吨，成为建设第一批玻纤厂的贵金属来源，通过这一批大中型工厂的建设，形成了我国玻纤工业的雏形。

1959—1960年是初创玻璃纤维工业最兴旺的一段时期。1959年第一季度，上海耀华玻璃厂玻璃纤维车间采用铂坩埚建成投产。1959年陆续建成投产的还有厦门、哈尔滨、杭州、南京及天津第二玻璃厂。当年全国玻璃纤维总产量为1111吨。1960年先后又有沈阳、常州253厂、秦皇岛、洛阳、九江及5727等厂（车间）建成投产。至此，全国已有12个大中型玻璃纤维厂（车间）陆续正式投入生产或试生产。

1960年，全国玻璃纤维总产量翻了一番，达到2811吨，全部是无碱电绝缘产品。当时全国执行计划经济，产品全部由第一机械工业部计划分配，生产多少包销多少，形势大好。

必须说明的是，当时全国长城内外、大江南北大干快上玻璃纤维，主导思想是填补国内空白，实现从无到有，所以在做法上就突出了产量，而忽视了产品质量。那时拉丝工序全部照搬苏联落后的玻璃纤维生产技术，纺织工序对玻璃纤维的特性又有所忽视，基本上采用了当时棉纺工业的系列设备，结果在生产过程中造成了拉丝成型不良，退并率低下及织布布面疵点多等一系列产品质量问题。此外，产品品种也比较单一，无法与机电工业配套应用，从某种程度上来讲，为以后玻纤业遭受大挫折埋下了伏笔。

第三节　东方日出之技术成果

锲而不舍，金石可镂。在中科院冶陶所的研究基础上，一些单位进行了无碱玻璃纤维的试制试验。其中北京建材研究院于1957年在管庄也开展了采用铂坩埚拉制无碱玻纤的试验，拉制出 4.5 ～ 7 μm 的无碱玻璃纤维。

同一时期，开展无碱玻璃拉丝试验的还有南京建筑五金厂和上海耀华玻璃厂。1956 年下半年，南京建筑五金厂已有中级玻璃纤维的生产，主要产品是蓄电池隔离板。1958 年，该厂用刚玉坩埚镶铂漏嘴拉丝获得成功，得到建材部的嘉奖并确定在南京建厂。

1957 年，上海耀华玻璃厂成立新产品科，曾派出技术人员访问上海冶陶所，学习先进的铂坩埚拉丝技术，1957 年 11 月，拉出了性能优良的无碱玻璃丝。

十年奋斗为玻纤，科技创新处处传，我辈更需勤勉励，誓让玻纤大发展。中国玻纤工业的发展和建设终于初见成效，它宛若一缕朝霞，不张扬，却蕴含着无限的生机。

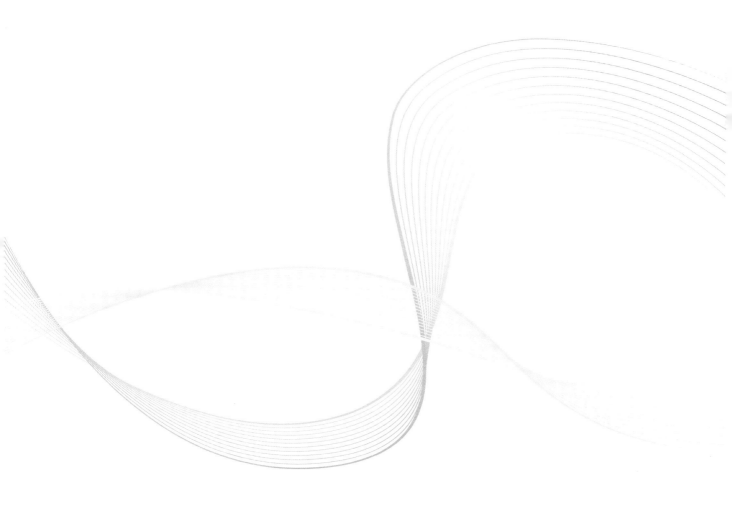

第二章
石破天惊 （1959—1969）

第二章

石破天惊 (1959—1969)

这是中国民族工业血脉中一股激流奔涌的雄壮力量：面临严峻的国际形势，国重家轻，他们放弃优越的生活条件，移师艰苦的三线；面临国外残酷的技术和资源封锁，大局危急在前，个人享受在后，他们坚如磐石，勇闯难关，显示的是中华民族的铮铮傲骨。是的，他们是坚韧的玻纤人，他们制造了玻纤，玻纤又赋予了他们审时度势的"柔"和不卑不亢的"韧"。他们披荆斩棘，用艰辛和汗水锻造成阶梯，留给后来的攀登者。

第一节 三线建设

一、严峻国际形势下的玻纤工业

玻纤工业伴随着中华人民共和国的诞生出生成长，与民族命运荣辱与共。一路走来，经历了波澜壮阔的曲折，却一如沙海之中的胡杨，在如火的骄阳中不屈地拼搏，在严寒的隆冬里坚强地屹立，在如刀的沙漠风中勇敢地抗争、顽强地生存。

20世纪60年代，我国的周边国际环境处于比较紧张的状态。北面，随着中苏关系日趋紧张，苏联对我国的军事威胁越来越大。东面，面对的是美国的战略包围（从韩国、日本到中国台湾一线），步入核时代的美国还多次扬言要对中国使用原子弹。蒋介石集团也时刻准备反攻大陆。尤其是南面，自1961年开始的美国侵越战争步步升级，后来一直发展到对越南北方进行大规模轰炸，构成对中国的直接威胁。

在严峻的国际环境下，20世纪60年代初，国家从国防战略高度提出发展"两弹一星"的宏伟计划，而玻璃纤维作为国防、军工不可或缺的基础材料，由我国自主研究、开发、生产，便提上日程。

1964年，国家科委、计委、经委按照科研、设计、生产三结合的方针，调集国内玻璃纤维技术方面的精英，于当年2月29日批准在南京成立"建筑工程部玻璃纤维工业研究设计院"，后改名为南京玻璃纤维研究设计院，简称"南玻院"。这是国内唯一一所专门从事玻璃纤维、综合性矿物棉研究设计和技术开发的综合性科研院所。同年，南玻院无碱1号和中碱5号玻璃成分研制成功，成为我国玻纤制品两大主要成分。

二、三线建设，荒山拓疆

国际形势紧迫，总参谋部作战部起草了一个《关于国家经济建设如何防备敌人突然袭击》的报告。毛泽东在三线建设会议上说：现在工厂都集中在大城市和沿海地区，不利于备战。工厂可以一分为二，要抢时间迁至内地去，各省都要搬家，都要建立自己的战略后方，不仅工业交通部门要搬家，而且院校和科研单位也要搬家。

迅速开展三线建设作为国家经济建设重点成为大家的共识。20世纪60年代中期后，我国开始了大规模的三线建设，西南三线的地域包括川、云、贵三省。许多重要项目设在四川，少数设在贵州。

上海和沿海经济发达地区担负了支持大三线建设的重任，国家先后向上海下达了三百多个搬迁项目，其中大部分是国防军工、基础工业和短线产品，迁移方式主要是迁厂、调人、建新厂。大批英勇的建设者们，包括第一代玻纤人，积极响应党中央的号召，满怀热爱祖国、热爱社会主义的热情，毫不犹豫地奔赴艰苦的大三线。

他们白手起家，扎根山沟，艰苦创业，为三线建设做出了巨大的贡献。他们"献完青春献终身，献完终身献子孙"，经历了长达十几年的艰苦建设，经历了物质条件匮乏的漫长岁月，但是，建设的决心始终没有动摇过。一个门类齐全的工业体系，最终在大三线建成，三线建设给内地的一些城市带来了发展机遇，促进了内地的经济繁荣和社会进步。

危良才同志（图2-1、图2-2）及其夫人张怀汉女士就是其中的典型代表，他们积极响应党中央的号召，放弃上海优越的生活条件，支援了四川三线的建设，将自己的青春年华奉献给了四川玻纤业。像他们这样为了玻纤行业的发展，将自己的青春和激情燃烧在挚爱的玻纤事业上，默默付出，无怨无悔的人还有很多很多，我们也许不知道他们每个人的名字，但他们为玻纤行业做出的贡献，将被我们永远铭记，像璀璨的繁星永远闪耀在玻纤行业的光辉史卷上。

图 2-1　危良才同志近照

图 2-2　危老获得的荣誉证书

1964 年 12 月 17 日，为了改善我国玻璃纤维工业的布局，适应西南地区三线建设的需要，国家建筑材料工业部提出规划，经国家计委、经委 [1964] 计基字第 2955 号文件批准，决定在西南地区建立玻璃纤维厂。

备战内迁，犹记创业艰辛。1968 年，工厂选址定点四川省德阳县罗江镇琵琶崖（今德阳市罗江县景乐南路 39 号），国家投资 1500 万元，由南京玻璃纤维研究设计院、西南工业建筑设计院设计，上海耀华玻璃厂支内筹备包建。来自上海、南京、北京、洛阳等地的建设者从大城市及其他沿海工业重镇千里迢迢来到罗江镇掘石开山，拓荒创业，不计得失，不计报酬，满腔热忱投身到四川三线建设中，如图 2-3、图 2-4 所示。

图 2-3　荒山拓疆　开拓征程

1970 年 10 月，四川玻纤厂（后更名为四川省玻纤集团有限公司）正式建成。

不久，四川玻璃纤维厂拉丝、退并、织布三个车间正式投产，建厂初期拉丝生产情景如图 2-5 所示。这是西南地区的首家玻纤企业，工厂的性质是用于满足军事国防工业和电机工业配套的需要，产品主要用于化学工业和一般民用工业。

三线建设是当时特有的国际形势和国内

图2-4　艰苦的三线建设

形势的产物，三线建设的开展为当时国家的国防安全提供了一定保障。同时，三线建设对于促进内地经济发展、改善经济布局也起到了积极的作用。

图2-5　建厂初期拉丝生产情景

第二节　玻纤技术攻关战

一、攻克代铂难关

（一）代铂势在必行

1958年至20世纪60年代中期，我国玻纤工业一直采用全铂坩埚拉制玻璃纤维生产技术。以一台200孔坩埚需要3.2公斤铂铑合金计，一家年产千吨的中型玻纤厂即需铂金数百公斤。

1964年，国家执行"代棉"政策，需要大力发展玻纤产品。为了响应国家号召，全国各地一批中小型玻璃纤维企业如雨后春笋应运而生。中小型玻纤企业在发展中遇到的一个突出问题是铂来源紧张。铂不仅价格昂贵，而且在我国产量极低，尚不足补充玻纤铂耗，绝大部分依赖进口，而国外在铂问题上对我国进行封锁破坏，严重阻碍了玻纤工业的发展。这又给玻纤人提出了一个棘手的难题，解决难题的唯一办法就是自力更生，找到一种合适的材料来代替铂，以走出困境，降低中小玻纤企业的损耗成本。

1964年，国家科委在北京召开了专门会议，下达了"玻纤生产中节、代铂技术"国家重点科研项目。组织建材部、冶金部、中国科学院等部门以及所属有关院、所、学校、生产单位协同攻关。

（二）代铂攻关全面打响

1967年6月12日，代铂战线上海点召开"抓革命，促生产"的誓师大会，把代铂工作当作是一项革命任务来抓。参加会议的有35个单位，100多位代表，其中包括工人代表34人，这些代表主要是工人、技术人员和干部。会上要求参与单位从代铂工作的实际需求出发，摒弃功名利益，反对"留一手"，反对保密，要不存私心，技术坦白，搞好共同合作，为革命胜利完成代铂战役，把节约下来的每一克铂金用来支援国防建设。

代铂工作涉及的参与单位和试验项目内容见表2-1。

表2-1　代铂工作参与单位和试验项目表

参加单位	项目名称
01. 上海耐火材料厂	01. 高温合金加涂层
02. 九江厂	02. 高温合金漏板
03. 上海厂	03. 镍基合金
04. 山东淄博硅所	04. 红星11号
05. 硅所红星厂	05. 高温合金
06. 东风	06. 高温合金材料
07. 上玻	07. 成分研究
08. 有色院	08. 镍基合金漏板
09. 南玻院	
10. 中南矿院	
11. 长沙玻璃厂	
12. 北京有色院	
13. 上海有色所	
14. 北钢院	
15. 沈阳金属所	

当时的研究条件极其恶劣，三年困难时期已过，处于灾害后的经济恢复期。此时，三线建设时期又开始了，百废待兴，相关技术人员、工作场地都非常缺乏，要进行代铂试验只能从头做起，利用简陋的设备，进行一些必要的设施建设，如图2-6所示。

图2-6　简陋的设备

千曲百折出智慧，坑深路险炼勇敢。经过多次尝试，人们想到了用镍基合金漏板来代替铂漏板，进行中碱5号球全代铂拉丝试验。

在上海电机玻纤厂，镍基代铂试验一连几次失败，厂内有些人就开始动摇了，信念不坚定了，有些同志说："我们厂好不容易有了一点积蓄，这么试验下去，非得破产不可，到时连工资都发不出，吃饭怎么办？"党支部反复给大家做思想工作，让厂内同志把眼光放长远。现在虽处于试验阶段，有些苦，还要花费很多钱，但将来研制成功，用镍基合金漏板替代铂漏板，将是很大的节约。这也会在很大程度上促进玻纤工业的发展，有力回击外国对我国技术封锁的阴谋。大家从认识上、思想觉悟上有了很大的提高，那些抱怨思想也慢慢少了。

当时的年代，工厂物质条件极差，没有厂房，没有电器和拉丝设备，连最基本的条件——自来水也没有。广大革命职工不是向上级伸手，而是遵照中央提出的"自力更生，艰苦奋斗"的伟大方针，自己动手，创造条件。大家用砖头、木板、铁条因陋就简搭起一个试验平台。厂房高度不够，就将地面挖深。没有自来水，就在屋顶上安装一个水箱，从外厂井里远距离调来水，解决了拉丝冷却水的问题。没有纱框测长器，就用木辘轳代替取样检验支数。没有退丝和捻线设备，就自己设计和制造。没有条件，创造条件，遇到困难，克服困难。

那时的南京玻纤设计研究院，还没有专门设计铂金漏板的部门，只有几个人专门从事这项工作，主要是联系外出加工业务，同时让这些人也开始从事加工漏板的技术培训。20世纪60年代末，南玻院生产试验漏板的也主要是这些人，他们开始利用当时上海耀华玻璃厂的漏板加工场地和设备完成加工，也有部分漏板开始在上海加工成半成品后拿回重新组装。

宝剑锋从磨砺出，梅花香自苦寒来。南玻院经过十多年的代铂技术攻坚战，取得了很大进步，代铂炉的代铂率达到了70%～80%，解决了代铂锅身材料、炉体结构、电极材料、加热方式以及漏板结构等问题。

1969—1970年，由南京玻纤院、上海耀华玻璃厂、上海电机玻璃厂、上海耐火材料厂组织上海代铂会战点，试验成功了100孔、200孔无碱代铂拉丝工艺，先后在全国玻纤厂推广，上海耀华玻璃厂投产了油电结合池窑。

就是在这种极其艰苦的条件下，就是这么一批默默奉献、意志坚定的老一辈玻纤人，凭着硬干、苦干、巧干，完成了玻纤技术的一次次攻关，创造了一个个奇迹，一点点地推动着中国的玻纤业艰难前行。

图2-7　南玻院原总工林镜良，为我国玻纤业发展做出过巨大贡献

今天我国的玻纤工业早已走出国门，让世

界上的玻纤同行刮目相看，回顾当年创业之艰辛，更知今日来之不易。我们不能忘记，曾经有这么一批人，为了中国的玻纤业，无私地奉献过，中国玻纤今天的辉煌凝聚着几代人的汗水与艰辛，承载着他们的希冀与梦想。

（三）代铂的历史意义

代铂拉丝工艺与全铂坩埚工艺相比，具有铂用量小、容量大等特点，这种取代70%～80%铂金的代铂拉丝工艺，成为较长一段时间内我国生产连续玻璃纤维的主要方法，具有较强的生命力。

代铂工艺虽然一次投资少，制作方法简单，但能耗高、产量低、污染环境，只能生产初级产品，产品质量永远无法与池窑玻纤产品一争长短，而且代铂工艺中同等重量铂、铑生产的玻纤产量比仅为池窑拉丝工艺的三分之一，这与代铂初衷背道而驰。由于大量生产低号数的中碱纤维，产品应用范围狭窄，产量长期徘徊，这又形成一种恶性循环，使我国玻纤工业技术与世界先进水平差距进一步扩大。

然而，这是一条在特定环境中无奈实行的技术路线，代铂技术确实解决了我国在特定阶段的玻纤需求问题，也是我国玻纤史上的一大进步。

二、玻纤"歼灭战"

1965年4月，建筑材料工业部从建筑工程部中分出来，赖际发同志任部长。那时，大跃进造成的经济损失，经贯彻党中央"调正、巩固、充实、提高"八字方针后，已经恢复元气。电机工业重新上马，对无碱玻纤需求量又逐步增加，但对建筑材料工业部生产的玻纤质量不够满意。

因此，建筑材料工业部玻陶局很快向组建不久的南京玻纤院和上海耀华玻璃厂下达了联合开展"电绝缘玻纤品种配套歼灭战"的任务。上海耀华厂张毓华，南玻院林树益、张碧栋等一大批技术骨干和工人参加了这次"歼灭战"。此次战役从1965年4月持续到12月。其主要目标是提高电绝缘玻璃纤维制品的质量及玻璃纤维品种与机电工业配套，以厚度为0.04mm、0.08mm及0.20mm无碱平纹布等产品为重点，使产品质量切实达到部颁标准，满足当时机电工业发展的急需。

1965年4月至12月，南京玻璃纤维研究设计院与上海耀华玻璃厂奉命抽调了优秀技术力量，联合进行了一次声势浩大、为期近10个月的"电绝缘玻纤品种配套技术歼灭战"。这次"歼灭战"对我国玻璃纤维工业以后的发展起到了重大的推动作用。

由于此次"歼灭战"抽调的技术力量雄厚，加上时间又比较充裕，因此除完成计划目标外，还攻克了一些重大生产工艺及技术装备关键问题，可以归纳如下：

1. 研制成功含 $Na_2O<0.5\%$ 的无碱玻璃纤维成分并批量投产，达到世界先进水平。

2. 80支纱、160支纱、220支纱、360支纱及600支纱的拉丝工艺设备改进。

3. 80支纱和160支纱采用的无声机头自动换筒拉丝机的研制。

4. 360支纱和600支纱伞式内退机头拉丝机的研制。

5. MP-47型拉丝温度控制仪表的改进。

6. 拉丝浸润剂的回收利用。

7. 1391型及1392型捻线机退并纱架改装与直接络纱试验。

8. 600支纱的空心退并试验。

9. 厚度为0.04mm、0.08mm及0.20mm无碱平纹布的织造试验。

通过此次"歼灭战"，不仅使上述5种规格的无碱纱和3种规格的无碱布质量全部达到了部颁标准，充分满足了电机工业发展的需要，而且还对各工序的工艺设备进行了不同程度的改进，相应地提高了各工序的产量和成品率，为进一步发展我国玻纤工业打下了重要基础。

截止到1966年，国内玻纤形势大好，玻纤产品从单一无碱品种向中碱、无碱多品种方向发展，此次技术"歼灭战"又使工艺技术有了显著提高。

三、中国的池窑拉丝梦

二十世纪六七十年代的玻纤工业，池窑拉丝技术开始逐步取代坩埚拉丝技术，成为世界玻纤工业发展的主流。

1967年，日本NTB公司引进了先进的池窑拉丝生产技术，在福岛建成第一座池窑拉丝工厂，并投入生产；1969年，美国连续纤维产量为227000吨，其中绝大部分是用池窑拉丝生产出来的。

我国1965年的玻纤产量和日本产量相当，池窑拉丝科研起步也较早，但日本在1967年以后，陆续从国外引进了多座池窑拉丝生产线，生产技术、装备、品种、质量和产量都急剧提高，与我国差距明显拉大。到1972年，日本玻纤年产量已达到62900吨，而我国只有22899吨，产量仅为日本的1/3。池窑拉丝是连续玻纤生产的主要发展方向，它综合了熔制技术、通路加热、多孔漏板、高速高产拉丝、增强浸润剂等一系列技术，是世界各国高速发展玻纤工业强有力的手段。遗憾的是，我国虽然在1965年3月通过了1963—1972年玻璃纤维科学技术十年发展规划重点计划任务书，提出池窑拉丝和表面处理的发展规划，却恰恰在接下来的关键时刻束缚了手脚而止步不前。不

但在产量增长速度上被世界先进国家远远落在后面，在各个技术环节上也和国外形成显著差距。直到20世纪80年代，中国才有了自己的池窑拉丝生产线，池窑拉丝技术应用比美国足足晚了20多年。

尽管由于多种原因，我国还停留在玻纤工业坩埚法工艺水平，国外对我国采取严密的技术封锁，我国玻纤行业几乎处于封闭孤立的环境中，很难触及到行业前沿技术，然而老一辈玻纤人心里却始终升腾着一个池窑拉丝梦，激励着他们在漫长而又艰辛的探索试验道路上永不止步。

第三节　20世纪60年代成立的玻纤厂

1961年10月17日，建筑工程部向国家经委报送《继续建成一万二千五百吨玻璃纤维制品企业的建设方案》的专题报告。20世纪60年代初，我国参照苏联的技术，先后建成了10个大中型玻纤企业，所采用的全是坩埚拉丝工艺。

1964年2月，经国家科委、计委、经委批准，国家建工部组建南京玻璃纤维研究设计院，负责全国玻璃纤维行业的科研设计、试生产。

除了在1964年成立的"建筑工程部玻璃纤维工业研究设计院"（简称南玻院）和四川玻纤厂，还包括迁移、新建的玻纤厂，如建材253厂、陕西玻纤厂、秦皇岛耀华玻璃厂等十几家工厂，详细成立时间如下：

1. 建材253厂：1960年3月，国家建工部创立建材253厂，即现在的常州天马集团有限公司；

2. 天津玻璃纤维厂：建于1937年，原是棉纺厂，1960年改为玻璃纤维厂；

3. 陕西玻璃纤维总厂：1966 年 8 月 23 日，陕西玻璃纤维总厂建成投产，其前身是天津市第二玻璃厂，1958 年改产玻璃纤维，1965 年由天津迁至陕西，为西北地区唯一的大型玻璃纤维厂，也是中国玻璃纤维及其制品生产的大型骨干企业；

4. 建材 251 厂：建材 251 厂是从建材院分出来的，1963 年，251 厂更名为建材部建材研究院玻璃钢室；1965 年，更名为北京玻璃钢研究所。

第四节 玻纤产品

一、无碱纤维产品受挫

电绝缘纤维是应电机工业"向世界水平进军"的要求而生产的，当时预计年需求量为 15000 吨。1960 年玻纤产量高涨，由机电工业部门全部收购。到 1961 年 10 月，建筑工程部向国家经委报送"继续建成 12500 吨玻纤制品企业建设方案的专题报告"，各厂加紧施工，已投产的工程生产能力逐渐扩大。

1960 年初期，中国与美国、苏联正是关系非常紧张的时刻，生产无碱玻璃纤维需要硼酸作玻璃助熔剂，硼的进口又遭到严格限制，价格昂贵。同时，由于电机工业大量下马，机电工业部门突然要求大量减少无碱玻璃纤维产品的供应量，使各厂一时措手不及，只好纷纷减产。1961 年大中型厂产量为 1822 吨，而实际上这些产品都积压在了库房中，各厂资金周转困难，有的厂甚至连工资都发不出来，只好减产减员。许多基建收尾工程也被迫停工，人心惶惶，对这门新兴行业看不到任何希望。

分析这次玻纤行业受挫的原因主要是：

1. 简单照搬了苏联的玻纤技术，没有真正与中国国情结合考虑；

2. 玻纤行业领导对电机行业从传统的电绝缘材料到改用玻璃纤维绝缘材料的技术问题缺乏必要的认识；

3. 玻纤产品过分依赖电机工业，所以，电机工业下马，必然导致玻纤产品的大量积压。

认识到玻纤产品受挫的原因，根据我国的国情，建筑工程部确定了适合自己发展的道路，玻纤行业由专门为电机工业服务，逐步转变到同时为其他工业和民用服务上来。

二、贯彻"代棉"政策，开发中碱品种

20 世纪 60 年代初期，我国棉布供应非常紧张，特别是因为工业用棉的增加，全国老百姓每人每年只发给 16 市尺棉布票，所有棉制品一律凭棉布票供应。为了减轻棉布供应压力，国家鼓励用其他纤维来代替棉制品。

1963 年 10 月 17 日，国务院以（63）国财办字第 694 号文批准了建筑工程部和商业部《关于推广采用玻璃纤维制品节约工业用棉纱、棉布和价格补贴问题的联合报告》，同意对技术上已经过关的玻璃纤维制品实行财政补贴和免税办法。

1964 年 1 月，国家科委召开了全国纺织纤维技术改进会议。在此会议上，要求扩大玻璃纤维及其制品的应用范围，代替工业生产非衣着用途的天然纤维——棉、毛、丝、麻，作为发展的长远方针。

在正确政策的指导下，各厂积极研制中碱产品。1964 年，南京玻璃纤维研究设计院及时完成了中碱 5 号玻璃成分及各组分变动对玻璃纤维性能影响研究的科学试验，交由上海耀华玻璃厂进行工业生产，并向全国推广。南玻院对中国玻纤业的发展起到了非常及时且有力的推动作用。

1964 年，玻纤产品已发展到 74 个，其中

有 16 个产品在 1964 年上半年荣获了计委、经委、科委联合颁发的新产品奖。

当年在全国推广应用的玻璃纤维产品有：电工用 6 μm160 支 2 股无碱纱、4 μm360 支 2 股无碱纱、电绝缘玻璃纤维漆布、漆绸用玻璃纤维布、玻璃纤维云母制品用布、玻璃纤维层压板用布、玻璃纤维导火索用纱、玻璃纤维乳胶包扎布与包装布、聚氯乙烯涂层玻纤布、玻纤棉纱交织导风筒坯布、玻璃纤维酸性过滤布、玻璃纤维炭黑收集袋、铝水过滤布、管道包扎布、沥青玻璃纤维布、油毡坯布及玻璃纤维聚氯乙烯涂塑窗纱等等。这些产品广泛应用在电机、化工、石油、煤炭、轻工、国防及民用等方面，收到了较好的技术经济效益和社会效益。

1965 年，国家为进一步扶持玻纤工业的发展，决定继续实行财政补贴，并且采用了专题补贴办法，鼓励增加品种、开发新应用，促进产量的增长。

同年，南京玻璃纤维研究设计院率先研制成功我国第一代玻璃纤维圆筒过滤布，应用于高温烟气过滤，为炭黑、有色冶金等工业粉末回收，走出了一条节约代用棉布、降低成本、提高生产效率的新路。接着，南京玻纤院又与天津玻璃纤维厂联合，成功研制了定长玻璃纤维过滤布。

当时全行业也积极响应国家号召，把试制玻璃纤维代棉产品当作一项重大的政治任务，商业部也积极派员参加玻璃纤维代棉产品的技术鉴定工作。每鉴定过关一项产品，就立即取消这项产品原来的棉、毛、丝、麻计划分配指标，从政策上强制性推广玻璃纤维代棉产品，使玻璃纤维代棉产品得以蓬勃发展。

三、中碱纤维持续增长

1963 年开始，由于"代棉"政策的大力实施，我国中碱纤维取代当时的无碱玻纤迅速发展起来，并于 1964 年、1965 年、1966 年连续三年大幅度增产，直至 1967、1968 两年受"文化大革命"的影响，产量一度下降，1969 年后，中碱连续纤维一直持续增长，只是增速时快时慢，即使是 1979 年以后工业调整的几年，也有所增长，但没有出现像无碱玻纤及制品那样大的波动，出现这种情况的主要原因有：

1. 中碱纤维及制品价格比较便宜；

2. 中碱纤维制品发展得比较快，品种多，应用广；

3. 常州 253 厂从英国 Scott Bader 公司引进年产 500 吨不饱和聚酯树脂设备与生产技术，"文化大革命"期间进行基建，1967 年年初建成投产，大大提高了产量。从此，我国有了系列化不饱和聚酯树脂和配套材料的生产，为发展我国玻璃钢工业和增强用玻璃纤维品种，创造了有力条件。随着聚酯树脂产量的增加，小型玻璃钢企业迅速发展，从而也推动了中碱纤维的发展。

雄关漫道真如铁，中国玻纤坚定前行，向前迈出了一大步，在中国玻纤记忆里又谱写了一曲高亢的歌。

第三章
封锁重重 （1969—1979）

第三章

封锁重重 (1969—1979)

中国玻纤走过 20 年的蹉跎岁月，从无到有，逐渐壮大，流下的是汗水，播下的是希望。此刻玻纤行业的破晓时分已经到来，虽要经历阵痛，但阵痛之后孕育的是新的曙光。创业之路艰辛坎坷，然而气魄和决心蕴藏深厚，不可动摇。火热的岁月燃烧着火热的信念，火热的心书写了火热的年代。纵使前方泥泞坎坷，荆棘丛生，也阻挡不了玻纤人前进的步伐，信念如歌。

第一节 玻纤行业发展的三个"马鞍形"

玻纤工业发展到这一阶段，外有复杂多变的国际形势，内要经受十年浩劫的洗礼，内忧外患，中国玻纤仍在曲折中艰难前行。20世纪50年代到80年代的发展过程中，玻纤产量整体上呈大幅提升的趋势。表3-1是我国20世纪50至80年代早期历年玻纤产量，从表中所列的数据可见，建厂初期，1958年的玻纤产量仅为125吨，到1984年，玻纤产量已达1958年的500多倍。

从20世纪50年代至80年代我国玻纤生产情况来看，整体上平稳上升发展的玻纤工业，期间曾出现停滞不前或产量下降的现象。图3-1是我国20世纪50～80年代历年玻纤产量示意图。第一个拐点发生在1961—1963年，玻纤产量停滞不前；第二个拐点是1968年玻纤产量出现大幅下降；第三个拐点发生在1981年。这就是玻纤行业遭遇的三个"马鞍形"。所谓的"马鞍形"，是指全国玻纤总产量因某种缘故突然严重下滑的形象比喻。

表3-1 我国20世纪50～80年代历年玻纤产量

年份	产量（吨）	年份	产量（吨）
1958	125	1972	22899
1959	1111	1973	29022
1960	2811	1974	27298
1961	2107	1975	29235
1962	3498	1976	28665
1963	2849	1977	33955
1964	5732	1978	40800
1965	10318	1979	46718
1966	13536	1980	46307
1967	10519	1981	44246
1968	9402	1982	43421
1969	13819	1983	54666
1970	16968	1984	66555
1971	21915		

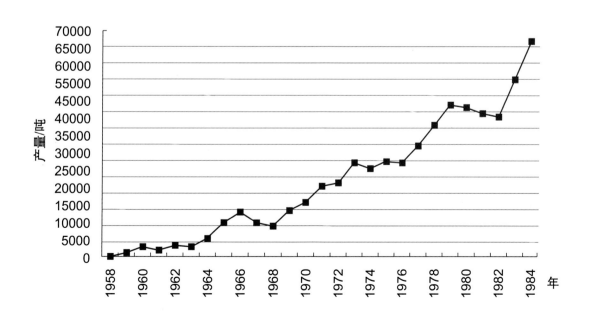

图3-1 我国20世纪50～80年代历年玻纤产量示意图

一、第一个"马鞍形"

第一个"马鞍形"发生在20世纪60年代初期。当时我国实行计划经济体制，玻璃纤维工业各厂清一色，全部生产的是无碱电绝缘制品，由一机部等有关部门统购包销。而机电工业部门却由于电机工程大量下马，突然要求建工部大量减少无碱电绝缘玻璃纤维的供应量，使各玻璃纤维生产厂家措手不及，被迫纷纷封坩停机减产，销售不出去的产品大量积压。

另外，当时无碱玻璃纤维是采用价格昂贵的硼酸作玻璃助熔剂，由于国外限制硼的出口，造成无碱玻纤生产成本增高。部分生产厂家为降低制造成本，擅自采用高碱玻璃料拉丝，高碱玻璃纤维制品因其碱含量大，所以吸湿率也比无碱的大得多，当时玻璃纤维产品市场滞销，这些高碱纱与高碱布在生产厂家仓库存放时间稍长一点，都发生不同程度的发霉变质现象，报废不少。因此，1963年全国玻纤总产量再一次下降。

二、第二个"马鞍形"

第二个"马鞍形"发生在"文化大革命"初期的1967—1968年。"文化大革命"实际上是1966年10月5日，中共中央向全国发布《关于无产阶级文化大革命的决定》后开始的。起初仅是各派别展开激烈的大字报辩论，所谓"文斗"，到1967年才演变成全国范围的"武斗"。所以，"文化大革命"对1966年上半年玻纤的生产破坏尚不明显，1966年全国玻纤总产量达到13536吨，比1965年的10318吨还增长了31.18%。但1967年全国范围的"串联"及"武斗"对工业生产造成了极大影响，几近瘫痪的边缘。1967年全国玻纤总产量下

降到10519吨，下降了22%；1968年再度下降到9402吨，比1966年下降了30.55%，这就是玻纤工业发展遇到的第二个"马鞍形"。

当时的玻纤工作者顶住压力，尽可能排除外部干扰，保证生产。到1970年，玻纤产量慢慢恢复到16968吨，有了很大起色。技术层面，中碱产品研制成功，适应了当时的社会需要。此外，从1964年开始的"代铂"会战，在"文化大革命"期间，根据沈阳、上海、秦皇岛三个点的成果，选择了"文化大革命"干扰较少的长沙玻纤厂和上海斯美玻纤厂进行综合试验，先后在1969年、1970年通过部级鉴定后在全国普遍推广。由于其用铂量只有全铂坩埚的1/3，为以后的扩大生产创造了有力的条件。

三、第三个"马鞍形"

第三个"马鞍形"发生在1980—1981年。1979年以前，我国仍然实行"计划经济"。各玻纤企业在原材料供应和产品销售上，全部服从上级的指令性计划，只管按计划指标安排生产，无需过问经营及产品销售。无论生产多少产品，一律由上级主管部门"统配包销"。

1979年起，全国贯彻党的十一届三中全会制定的"调整、改革、整顿、提高"的八字方针。首先是全国机电工业大调整，机电产品总产量下降，导致无碱玻纤产品的需求量相应下降。据有关部门统计资料显示，全国无碱玻纤需求量1980年下降了14%，1981年又下降了34%，迫使全国大中型玻纤企业主动减产。另外，当时约占总产量70%～80%的中碱玻纤产品也在调整过程中，逐步取消了"统购包销"的办法，改为市场调节法，即各玻纤企业

要为产品自找销路。在实行了 20 多年的产品"统购包销"办法后，马上改为市场调节，各玻纤企业普遍感到不适应，找不到销售渠道，产品大量积压。因此，1980—1981 年连续两年不但没有增产，反而连年减产。据有关部门统计资料显示，全国玻纤总产量 1980 年下降到 45607 吨，1981 年继续下降到 44246 吨。这就是第三个"马鞍形"。

第二节 众人拾柴火焰高

内忧外患，中国民族工业恍若在历史的漩涡中打转的一叶扁舟，风雨飘摇。然而，沉舟之畔，千帆竞发；病树前头，万木萌春。中国玻璃纤维企业并没有停滞不前，他们凭借着坚韧不拔的毅力，齐心协力，钻研技术，推动着中国玻纤工业一步步向前发展。

在废丝处理途径上，杭州玻纤厂用无碱双漏板电炉熔化废丝，拉制 80 支无碱玻璃纤维，作业稳定，质量良好；九江玻璃纤维厂用原炉熔化废丝制造灯罩和药瓶，并在一个 4m 高的破旧厂房里建成一座容量为 23 吨的换热式半煤气废丝窑炉。

没有资金购买新设备，他们便将废旧设备或进行维修，或加以改造，以满足应用，如陕西玻璃纤维厂、九江玻璃纤维厂、沈阳玻璃厂等充分利用旧设备，挖掘潜力，组织修旧利废小组，修复并改造了大量设备，为国家节约了大量资金。

仅陕西玻璃纤维厂在两年内修复的大小废旧设备就达 4 万多件，节约资金十三万六千余元。无梭织带机具有车速高、产量高、省工序，节约劳动力的优点，上海耀华分厂积极将有梭织带机改造为无梭织带机；喷气织机与有梭布机相比，具有速度高、机构简单、机物料消耗少等优点，玻璃纤维厂积极进行探索改进，天津玻纤厂改造成功的 24 台喷气织机很快便投产使用，比有梭布机同品种产量提高 42%；陕西第一玻纤厂四台喷气织机运转后，除大大提高效率外，合格率能达到 95%，比有梭布机同品种产量提高 83%。

玻璃纤维工业原用的纺织工艺和产品标准，多年来的实践经验证明还不够合理，束缚了生产的发展。1971 年以来，各厂相继开展了织布工艺改革工作。上海耀华玻璃厂对 0.025mm、0.04mm、0.06mm、0.08mm、0.1mm、0.15mm 布，6 个主要品种进行了改革。在保证各品种布料厚度和强度不变的前提下，纠正了过去经纬纱过密、多股合并的倾向。改革后布机产量大幅度提升，单机日产量提高 20% ~ 30%。陕西玻璃纤维厂与西安绝缘材料厂密切配合，对 0.1mm 和 0.15mm 两种无碱层压布进行了改革，调整了经纬纱支数和密度。天津玻璃纤维厂等单位也进行了改革。织布工艺改革后，拉丝、退并等工序生产效率也相应提高，为提高产品产量和质量打开了新的途径。

电压的波动严重影响了玻璃纤维厂的拉丝作业，造成了减产，针对这种情况，沈阳玻璃厂和天津玻璃纤维厂，先后设计制造了大容量高压有载调压开关。这种调压开关，结构简单，体积小，可以不停电进行调压，解决了电压波动对拉丝产生的影响这一问题。

针对拉丝机机头电机和排线电机由于进水、机械和电气故障等原因经常烧坏的问题，杭州玻璃厂自行设计制造了 JW0.24kW、JW0.6kW 两种水冷电机，解决了这一问题。

每个企业迈出一小步，汇聚在一起，就是玻纤工业迈出的一大步。勤劳朴实的玻纤人相信自力更生、艰苦奋斗能改变一切，能成就一切。他们不计个人得失，淡薄名利，在生产中不断总结、不断发现、不断发明、不断创造，一心想的是如何让中国玻纤工业早日走出低谷，扬起风帆，拔锚起航。

第三节　曲折中前进

20世纪70年代，在技术与外界隔绝，内部进行政治斗争的环境下，十年浩劫虽然严重束缚了玻纤业前进的脚步，但玻纤业还是取得了一些成绩，在曲折中艰难前行。我国玻纤工业起步于1958年，当年产能500吨，产量106吨。1978年形成工业体系，产量4.1万吨，居世界第7位。

（一）南玻院

◆1974年，设计制造出国产一次整经机，使用效果良好，并推广应用于生产中；

◆1974年，研制成功"高强2号玻璃纤维成分及其生产工业"，通过部级鉴定；此后又成功研制出高强4号玻璃纤维，达到国际先进水平。

（二）四川玻纤厂

1970年，四川玻纤厂投产，此后，一直保持了连续40年盈利，是国内外享有盛誉的玻纤生产骨干企业、中国电工绝缘和电子玻纤材料的重要生产基地和中国最大的细纱薄布生产企业之一。在20世纪70年代，企业先后成功研发出EW25-90玻纤布、玻纤无纬带、乳胶布、涂塑窗纱、印花贴墙布；先后成功实施了拉丝代铂坩埚技改项目、拉丝配油化学反应釜工艺以及退并钢令板自落装置技改项目（图3-2）。1980年，玻纤过滤布试制成功，并于1984年获国家经委颁发的优秀产品金龙奖。

图3-2　退并钢令板自落装置

（三）上海斯美玻纤厂

◆1968年，斯美厂试制成功二硅化钼，为冶金、化工、机械行业和科研单位提供了发展新工艺、新设备的理想材料，并制成国内第一台不用惰性气体保护的1600℃高温电炉；

◆1969年，上海斯美厂采用氯化聚氯乙烯涂层取代醇酸浸漆法获得成功；

◆1969年，由该厂自行设计，制造了国内第一台上漆机，电热自动烘燥正式投入生产；

◆1969年，该厂采用刚玉代铂锅身电熔法拉制无碱玻璃纤维工艺获得成功；

◆1971年，该厂试制成功超高温1800℃发热元件，被国家科委授予三等奖；

◆1973年，二硅化钼发热原件被国家科委授予"重点科研成果奖"；

◆1974年，斯美厂更名为上海电机玻璃纤维厂，同年，试制无碱玻璃纤维H级绝缘的硅橡胶漆管获得成功；

◆1975年，斯美厂研发成功玻璃纤维电碳套管。

（四）上海耀华玻璃厂

◆1971年，上海耀华玻璃厂奋战14天，投资 170 万元，建成两座年产 2500 吨池窑拉丝生产线；

◆ 1971 年，上海耀华玻璃厂开始设计试验油电结合中碱池窑拉丝，并逐步发展为全火焰池窑，拼装 38 台漏板，其孔数逐渐由 200 孔发展到 300 孔、400 孔、500 孔、600 孔和 800 孔分拉，填补了 20 世纪 70 年代我国池窑拉丝史上的空白。

（五）杭州玻璃厂

◆ 1971 年 8 月，杭州玻璃厂设计了一座日熔化量为 3.5 吨的中碱全电熔池窑，并投入生产。

第四节　小玻纤厂蓬勃发展

从 1958 年，我国玻纤工业设备基本配套定型，初步形成工业体系，到 1979 年，我国建立了 18 个国营大中型玻纤厂，还有数百家地方和乡镇"小玻纤"厂。但在 1979 年之前，国家更注重大中型玻纤厂的发展，小玻纤厂的发展受到了限制。

在 1958—1970 年间，小玻纤厂最高总产量可达近 900 吨，而且起落不定。到 1971 年，当中碱产品销路已经打开，特别是我国石油工业发展后，大量需要管道包扎布，市场上出现供不应求的形势后，一些小玻纤厂以陶土坩埚拉制纺织纤维，织造高碱管道包扎布，得到畅销，促进了小玻纤厂的蓬勃发展。

到 1973 年，全国大中型企业已有 19 个，分布在全国 18 个省、市、自治区，已经形成比较完整的工业体系。地方小型玻璃纤维企业也有很大发展，已超过 200 个，遍布全国各地，为各地工农业发展做出了贡献。

玻璃纤维工业自发展以来，共生产了玻璃纤维产品近 15 万吨，约折合棉布十五亿米，取代了大量棉、麻、丝、毛、金属材料和木材，广泛应用于国民经济和国防工业各有关部门，在一定程度上促进了生产技术的发展。

玻璃纤维增强塑料制品，具有轻质、高强、耐高温、耐腐蚀等特性，在国防工业中已成为不可缺少的材料，在石油、化工、航空、交通运输等部门，特别是用作化工防腐容器、管道和设备，取代了大量不锈钢和有色金属材料。此外，用玻璃纤维增强塑料造船、制造汽车和机械零部件、矿井支柱、高压容器以及其他制品，取代了大量的钢材和木材。

回首坎坷十年路，虽遇危机，终平安化解，虽一路风雨，终勇往直前。中国玻纤在一次次考验中成长，又在一次次挫折中壮大。

第四章

投石问路 （1979—1989）

第四章
投石问路 (1979—1989)

　　经历了 20 世纪 70 年代的阵痛，人们渴望着一股强劲的新风，吹散那笼罩在前进道路上的浓重迷雾。十一届三中全会的召开，为迷惘中的中国锻造了一艘穿越历史三峡的方舟，中国从此步入了改革开放和现代化建设的历史新时期。在大刀阔斧的举措下，改革的初步成果催生了人们的信心和希望，一场奋进创新的社会变革，如春潮般涌动。好风凭借力，此时的中国玻纤工业，在改革开放政策和行业规划的引导下，不断尝试和探索，怀着尽快改变我国玻纤工业落后面貌的迫切心情，不仅走出国门，到技术先进的国家考察，引进先进技术及设备，还在内部实行了多种形式的联合，推动玻纤行业整体进阶，实现了跨越式的发展。

第一节　经济体制转变下的冲击与契机

1978 年 12 月，党的十一届三中全会顺利召开，会议做出了把党和国家的工作重心转移到经济建设上来，实行改革开放的伟大决策，开启了我国改革开放的历史新时期。同时，我国的经济体制也踏上了改革的征程。从十二大的以计划经济为主、市场调节为辅，到十三大国家调控市场、市场引导企业，再到十四大明确提出建立社会主义市场经济体制，改革开放和经济体制改革，如同车之两轮，共同推动着我国社会建设迅速发展。改革是把双刃剑，经济体制转变对我国玻纤工业传统的发展模式造成了一定的冲击，同时也为中国玻纤工业的蜕变创造了崭新的契机。

一、计划经济的影响

（一）旧有模式的弊端

在党的十一届三中全会以前，玻纤行业在原材料供应和产品销售方面一直实行的是"统配包销"的办法，靠的是指令性计划。甚至在相当长的一段时期内，国内市场上，玻纤产品一直是供不应求的紧俏商品，工厂只管生产，出来的产品全分配出去。在这种情况下，"统配包销"的旧有模式掩盖了许多在生产、技术、分配、流通领域中存在的矛盾和问题。尤其是在生产和流通领域，自上而下统得过死，权力过于集中，企业没有多少活动余地。

在这种管理体制的束缚下，企业只管生产，无需过问经营，完全成了生产型的经济单位，企业依赖性大，缺乏应有的活力。各企业间没有市场竞争，外无压力，内缺动力，不利于开发新品种，提高质量，降低消耗，改善管理，

提高经济效益。长此以往，企业间差距越来越大，大多数工厂利润较高，而个别大中型厂，却连年亏损，处于长期难以扭转的局面。

（二）初期改革遭遇低谷

在适应经济体制改革的过程中，从计划经济体制庇护下走出来的玻纤工业在调整初期遭遇了低谷。

约占我国玻纤产量 80% 的中碱玻纤产品，在调整过程中，逐步摆脱"统配包销"体制，改为市场调节，也就是说，每个工厂开始为自己的产品找销路。在实行了 20 多年的产品包销后，要想过渡到市场调节并不是一件简单的事，绝大多数工厂在这一政策实施时，都普遍感到不习惯，从思想上、经营方法和渠道上都完全没有做好准备，以至销路不畅，被迫减产。1980 年产量为 45607 吨，1981 年为 44245 吨，连续两年减产。一时行业内人心浮动，这段时期就是第三次"马鞍形"，这是在经济体制转型过程中的一个过渡期。

另外，从 1979 年起，玻纤行业贯彻了三中全会"调整、改革、整顿、提高"的八字方针后，机电工业进行调整，产量下降，使无碱玻纤制品的销量也随之下滑，1980 年下降了 14%，1981 年又下降了 34%，使三分之二的大中型企业减产。

在这段时期，由原有体制过渡到新的体制之下，将产品一下全部推向市场确实也需要时间。尽管总的产量有所下降，但从长远来看，成功过渡之前的这种短暂的苦涩是必然要经历的，当时也有个别大中型厂做了很好的表率，产量在这一阶段不降反升。

二、积极应对

面对玻纤企业在初期经济体制改革过程

中的不适应，建材部玻陶局采取了积极措施，曾先后在天津、北京召开两次座谈会，交流各单位贯彻调整方针的做法和体会。

通过这两次会议，各企业深切感到，要切实贯彻好调整方针，适应市场调节的需要，必须转变经营思想，不断推陈出新，提高产品质量，狠抓老品种的更新换代和新品种的研发，加强生产技术研究和推广工作。据此，会议向全行业提出了调整时期的方针和任务："提高质量，发展品种，调整产品结构，适应市场需要，努力提高经济效益。"

1982 年，玻纤行业形势开始好转，建材部玻陶局又召开了三次专业性（制球、拉丝、纺织）技术座谈会。在座谈会上，与会代表对《玻璃纤维工业二十年发展规划纲要(草案)》进行了讨论，提出了修改建议。针对如何搞活企业进行了交流，结合对设备进行技术改造、发展新品种、节约能源、降低消耗、抓住市场、改进销售和技术服务等方面的工作经验，制定玻纤行业的具体措施和指标。

玻纤行业对初期改革出现的挫折进行了积极的回应，通过务实的座谈交流与深入思考，初步制定了玻璃纤维工业发展规划，使玻纤工业发展有章可循，明确了玻纤企业改革发展的思路。同时在改革开放政策的引领下，玻纤行业开始走出国门，触碰到了国外先进的技术和设备并予以引进，为我国玻纤行业未来的发展注入了新鲜血液，中国玻纤工业的改革初见成效。

三、改革初见成效

各厂在经过这一次考验后，渡过了难关，在技术上也取得了一定的突破。

1982 年，我国玻纤产量回升到 48422 吨，超过了国内有史以来的最高产量（1979 年的产量 46718 吨）。同年，玻纤产品结构也发生了显著变化。由于电机产量回升，大部分无碱纤维制品比 1981 年同期增加了 30% ~ 50%。在品种、质量方面，增加了厚布和表面处理布的品种。上海耀华玻璃厂的产品还满足了外商的质量要求，上半年出口无碱薄布 44 万米，下半年又签订了近百万米的合同。四川玻纤厂和电子工业部 704 厂合作，提高了覆铜板的质量，也开始出口中碱方格布。

1983 年，贯彻党的对外开放、对内搞活的经济政策，重点抓产销动态、生产协调、行业规划和技术引进，全行业在原有基础上，又有了新发展。在客观上，这主要是与国民经济经过调整，轻、重工业全面回升有直接关系。在主观上，主要是各企业开始重视经营管理和技术进步，使企业有了新的生机和活力，为改革打下了基础，玻纤行业全面稳步增长，产品销售旺盛，各类产品供不应求，全面脱销，各厂库存降到最低，全行业利润与产量增长比例达到 2：1。

在产品结构方面，无碱纤维除了供应电机电器等传统市场外，因为国内家用电器和电子计算机工业的快速发展，使覆铜板的市场全面打开，产品价格回升。无碱 0.18mm、0.13mm 的低捻布已批量生产。全年无碱纤维产品产量为 10494 吨，缺口仍然很大。

由于国内不饱和聚酯增长较快，市场对玻璃钢瓦、冷却塔、耐蚀化工管道、储罐等制品需求也有所增加，作为玻璃钢和增强热塑性塑料基材的中碱方格布和无捻粗纱产量迅速上升，分别达到 2801 万米和 2705 吨。这两个品种的产量，占大玻纤厂中碱纤维的比例，由 1981 年的 25%、1982 年的 33% 扩大到 1983 年的 40%，总量为 12500 吨，仍然严重供不应求，成为影响产销的重大品种。

其他增长较快的品种，还有作为防水材料用的沥青橡胶基布、管道包扎布，采矿用导风筒基布，保温用途的玻璃布、岩棉贴面布和民用印花贴墙布等。

1983 年，大中型玻纤厂产量为 44111 吨，小型玻纤厂为 12287 吨，总计 56398 吨。1984 年，我国玻璃纤维工业形势更好，全国总产量达 66555 吨。其中，16 个大中型玻纤企业产量 47003 吨，利润创历史新水平。实现了产值、利润、税金同步增长。玻纤各类产品供求关系依然紧张，以无碱玻纤市场缺口最大，不能满足机械、电子、军工等行业的需要，因而出现某些无碱玻纤产品如覆铜板布、电磁线用纱、无捻粗纱等重新从国外进口的情况，而无碱玻纤增长慢的主要原因是受无碱原料球的限制，增加了一批无碱球窑后，陆续投产，这种紧缺状态才逐渐有所缓解。

1984 年，全国玻璃纤维增强塑料用玻纤基材已占玻纤总产量的 40%，其中，占主体地位的仍然是中碱方格布。由于热塑性塑料的发展，无碱无捻粗纱增长也较快。各企业也把工作重点转到了抓品种和质量方面来，逐渐增加品种，如各种无纺布、短切毡、表面毡、复合毡、模塑料等品种以及满足各种玻璃纤维增强塑料制品要求的高质量增强基材。

过滤材料增长幅度也很明显，但包括小玻纤厂在内，年产量才 130 万米左右，数量仍然偏少。中碱玻纤产品中，增长最快的是橡胶沥青基布，1984 年已居中碱产品的第二位。

第二节　我国玻纤行业引进潮

我国玻璃纤维工业，创建于 1958 年，是引进苏联的玻璃纤维生产技术。由于企业长期在计划经济体制下经营，缺乏活力，固步自封，技术非常落后。自 1982 年党的十二大提出市场经济后，继续贯彻执行"调整、改革、整顿、提高"的方针，我国的玻纤工业在全国范围内掀起了引进高潮。

一、第一个"螃蟹"不好"吃"——珠海玻纤厂引进首条池窑生产线

众所周知，电子玻纤布、覆铜板及印制线路板，是同一条产业链上三个紧密相连、唇齿相依的上下游产品，电子玻纤布是覆铜板及印制线路板必不可少的基础材料。电子玻纤布的生产关键技术是池窑，只有池窑生产线才能生产出符合国际先进质量标准的电子玻纤布。

1990 年 6 月 15 日，我国玻纤行业引进的首条池窑拉丝生产线在南海之滨的珠海建成投产。投产初期，江泽民、杨尚昆、李鹏及李岚清等党和国家领导人相继到生产现场视察，对该生产线的成功引进及投产给予了充分肯定，领导的鼓励和鞭策，充分调动了全体员工的工作与生产积极性。

然而，该生产线筹建及投产的过程中却是道路坎坷，历尽险阻，台前幕后有许多鲜为人知的故事。

（一）囊中夺宝

早在 1984 年年初，澳门美昌洋行的王先生就与广东鹤山县签订了一个引进一条玻璃纤维池窑拉丝生产线的投资意向书。此消息被珠海水产供销公司的林经理偶然得知。他听说玻璃纤维是一门新兴工业，产品性能优良，用途广泛，大有发展前途，林经理找到王先生，说："我们珠海有优惠的特区经济政策，我公司待开发的土地多的是，建厂条件肯定比鹤山县好得多，既然我们两家已经在珠海成功合作引进了一座冷冻厂，何不再次携手合作？"王先生

被林经理真诚的话语打动,于是,引进的池窑拉丝生产线才得以在珠海安家落户。

不久,珠海水产供销公司就与澳门美昌洋行签订了《合作开设玻璃纤维厂协议书》。1984年9月12日,在珠海拱北宾馆举行了隆重的合作签字仪式,正式拉开了筹建帷幕。

(二)历尽艰辛

然而,水产公司是卖鱼的,洋行也不懂玻纤技术。引进生产线并着手筹建是好事,万事俱备,可在技术方面的严重欠缺着实给他们提出了一个难题,这东风从何而来呢?终于经中央主管部门原国家建材局介绍,请来了国内玻纤技术权威单位——南京玻璃纤维研究设计院,为该项目提供可行性研究报告及工厂土建设计等技术服务。

1985年1月12日,珠海经济特区玻璃纤维企业有限公司筹建处成立,筹建工作全面展开。几经曲折,1986年6月28日,终于在珠海翠海大厦正式签订了引进合同,全套引进日东纺及三井物产当时最先进的池窑拉丝生产技术与装备。合同规定,池窑拉丝生产规模为年产4000吨无碱玻璃纤维,产品包括无捻粗纱、无捻粗纱布、短切原丝毡、G-75细纱、E-225细纱及7628与2116电子布。

这条池窑拉丝生产线的资金,除了大部分来自银行贷款(贷款总计2300万美元),还有第四家股东单位——中国建材技术装备总公司,入股1000万元人民币。

1989年初夏,日方不顾我方多次善言劝阻,执意要将正在现场指导引进设备安装调试的专家全部撤走。接着,法国巴黎银行擅自冻结正在按计划执行中的贷款。没有日方专家指导,我方经验丰富的工程技术人员及熟练的老工人,还可以按照日本专家指导安装好的样机,继续试探安装。但是银行冻结了资金,却足以使正在紧张施工的工程全部瘫痪。在此紧要关头,珠海市政府全力支持,雪中送炭,授意中国银行珠海市分行向股东单位——珠海市水产供销公司放贷300万美元,以解燃眉之急。与此同时,广州军区南方工贸集团总公司也于1989年10月以300万美元现金入股,成为第五家股东,资金问题得以全部缓解。

不久,法国巴黎银行于1990年1月解除贷款冻结,日本专家也全部重返珠海安装现场,整个施工现场快速启动。为了把失去的时间抢回来,大家争分夺秒赶进度,干得热火朝天,工作热情更加高涨。

(三)雨后彩虹

我国玻纤行业首条引进的池窑生产线,终于在1990年6月15日胜利点火投产。1990年6月24日,时任中共中央总书记、中央军委主席江泽民在广东省委书记林若、首长叶选平及珠海市委书记、市长梁广大等领导的陪同下来厂视察。

1990年10月26日,中央国防工业大学校长李德生在珠海市委书记黄静陪同下来厂视察(图4-1)。

图4-1 中央国防工业大学校长李德生来厂参观

图 4-2　1990 年 11 月 26 日，中共中央顾问委员会常务委员胡乔木夫妇一行 10 人来厂参观

图 4-3　1990 年 11 月 26 日，捷克和斯洛伐克联邦共和国副总理一行 20 余人来厂访问

1990 年 11 月 26 日，中共中央顾问委员会常务委员胡乔木夫妇一行 10 人来厂参观（图 4-2），同时来参观的还有捷克和斯洛伐克联邦共和国副总理一行 20 余人（图 4-3）。

杨尚昆、李鹏及李岚清等党和国家领导人也相继到生产现场视察，对该生产线的成功引进及投产给予了充分肯定。图 4-4 是珠海玻纤厂当时厂况雄姿。

然而，一波刚平，一波又起，投产后不久，人们还没来得及高兴，就发现产品规格不对路，满足不了市场需求，刚投产不久就造成产品积压，使生产资金周转发生困难，几经风雨的玻纤人又一次陷入了困境。

欲请日方专家来现场指导，但日方索要昂贵的技术转让费，还不能完全保证达到市场所需的产品规格要求。为了抵制日方的苛刻要求与刁难，我方当机立断，立即发动技术骨干大胆在洋设备上开刀，进行工艺与设备改进，加速试制市场急需的新规格。

经过多次试验，终于使 7628 电子布的幅

图 4-4　珠海玻纤厂雄姿

宽由 1050mm 拓宽到 1270mm，电子布的单位面积重量偏差的控制精度由原来的 203g，精度为 6%，提高到 205g，精度为 3%，再进一步提高到 205 克，精度为 2%，达到美国 IPC 标准二类水平。

该电子布于 1994 年 4 月，通过了部（省）级技术鉴定。1994 年 10 月，被国家科委、国家外国专家局及国家技术监督局等五个权威领导部门评为 1994 年年度国家级新产品，从而填补了我国玻纤工业电子玻纤产品的空白。由于该产品采用国际标准，达到国际同类产品水平，可替代出口，使得进口 7628 布的价格很快下调，业内迄今记忆犹新。此举也使中国玻纤工业的产业结构调整迈出了第一步，从此迎来了中国玻纤池窑拉丝发展"红红火火"的十年。

二、第一个引进潮

20 世纪 80 年代我国大陆还是玻璃球坩埚拉丝，能耗高、产量低、质量均匀性差，不能生产高 Tex 的直接无捻粗纱，薄毡、短切毡均无，方格布手糊玻璃钢几乎一统天下。全国大中型玻纤厂技术概况见表 4-1。这一时期，国内多家玻纤厂积极向国外学习先进技术，掀起了引进的第一批高潮。

重庆玻璃纤维厂是我国第一批引进潮中第一个引进波歇炉的企业。1984 年，重庆玻纤厂引进了一条年产 1800 吨的波歇窑生产线，1986 年 11 月投产，生产短切毡和无捻粗纱共 13 个品种，产品出口创汇 200 多万美元。这条生产线不仅一年建成，而且一年达标、一年产品全部出口。

除了重庆玻纤厂，全国还有近 10 家玻纤企业分别从美国、英国、日本、德国、瑞士等国家，全线或局部引进了玻璃纤维生产技术和

设备，共花费 5000 多万美元。全国玻纤行业引进项目见表 4-2。也许现在看来，这些引进项目都不大，但这几家玻纤企业却是为当时我国玻纤工业的发展迈出了可喜的一步，极大地推动了我国玻纤工业技术的进步。

虽然我们要改变我国玻纤工业长期落后的状况，还需要一个较长时间和艰苦奋斗的过程，但这一大规模的引进举措，无疑是玻纤人发展思想的进步。这一指导思想以国内市场为依托，引进了国外先进的生产技术，争取尽快使产品达到国际先进水平，改变玻纤工业长期落后的局面。

表 4-1　全国大中型玻纤厂技术概况

厂名	纤维车间建成投产时间	球窑
上海耀华玻璃厂	1959 年正式投产，分厂 1961 年投产	两座
天津玻纤厂	1961 年转产玻纤	两座
建材二五三厂	1964 年玻纤投产，1967 年聚酯投产	—
杭州玻璃厂	1959 年投产	一座
兴平玻璃厂	1966 年	—
秦皇岛玻纤厂	1960 年	两座
九江玻纤厂	1962 年	一座
四川玻纤厂	1970 年	—
株洲玻璃厂	1971 年	一座
厦门玻璃厂	1959 年	一座
洛阳玻璃厂	1960 年	一座
沈阳玻璃厂	1960 年	一座
广西玻璃钢厂	1973 年 12 月	—
广东玻纤厂	1974 年	—
上海电机玻纤厂	1957 年 11 月建厂，1960 年正式织布	—
五七二七厂	1960 年 7 月	一座
北京二五一厂	1975 年	一座

表 4-2　全国玻纤行业引进项目一览表

单位	引进方式	生产能力	引进公司	主要产品	投产年份
厦门新华玻璃厂	局部	1000 吨 / 年	英国纤维技术公司	短切纤维原丝毡、无捻粗纱	1987 年
天津玻璃纤维厂	局部	6000 吨 / 年	英国 TBA 公司	湿法薄毡、单丝涂塑窗纱	已投产
上海耀华玻璃厂	局部	2000 吨 / 年	美国 OCF 公司，德国苏克、哈柯巴、道尼尔公司，瑞士鲁蒂公司，法国 ACBF 公司	2116 布、7628 布、短切纤维原丝毡、方格布、无捻粗纱	1989 年投产
珠海玻纤有限公司	全线	4000 吨 / 年	日本 NTB 公司	2116 布、7628 布、短切纤维、短切纤维原丝毡、无捻粗纱、方格布	1989 年投产
杭州玻璃厂	局部	900 万米 / 年	德国苏克、哈柯巴公司，瑞士鲁蒂公司	7628 布	1989 年投产
九江五七二七厂	局部	900 万米 / 年	法国 ACBF 公司，德国、苏克、哈柯巴等公司	7628 布	1989 年投产
上海耀华分厂	局部	32 万米 / 年	德国道尼尔等公司	过滤布	—
营口玻纤二厂	局部	32 万米 / 年	德国埃尔特克斯公司	过滤布	—
常州 253 厂	局部	4000 吨 / 年	德国舒拉公司	湿法薄毡	—

三、第二个引进潮

到"七五"期间，我国玻纤产业又迎来了第二个引进高潮。与上一个高潮相比，这次引进的层次更高，路子更宽，不单单引进了国外先进的生产技术，还引进了国外先进的管理方法和国际销售渠道。合理地利用了国外的资源，找到了合理的合作方式。

与上次引进相比，这次引进的设备生产规模更大，一般在万吨 / 年以上，指导思想也与"六五"期间指导思想有所不同，这次引进以国际市场为依托，把我国玻纤行业带入到了国际大环境中。

这次引进潮大大地提高了玻纤产品的产量和质量，许多产品达到了国际先进水平，中国玻纤制品开始走出国门，迈向世界。

第三节　玻纤行业内部的横向经济联合

除了"走出去，引进来"的方针，国内玻璃纤维的生产，主要以市场调节为主，随市场的要求变化而异。各家企业一改过去的传统思想，开始积极开动脑筋，寻找一切可以利用的资源，将企业搞活搞好。20 世纪 80 年代后期，玻璃纤维行业出现了企业间开展合作的现象，借助各个企业的优势，增强企业的竞争力。各企业间有多种联合方式。

一、经济联合体

1986 年初，杭州玻璃总厂牵头，组成了东南玻璃纤维企业集团，参加的有长沙玻纤厂、杭州玻璃厂、厦门新华玻璃厂和宜山玻璃钢厂等大中型企业，他们采取联合的主要途径有：

1. 产品联合。不同企业把各自优质产品联合在一起，组成联营公司。这样有利于提高产品质量，增强市场竞争力。例如：粉云母带联营公司，杭州玻璃厂提供优质云母基布，富春江造纸厂提供云母纸，嘉兴绝缘材料厂生产粉云母带。

2. 城乡联合。骨干厂以厂房、能源、劳力、资金等生产要素，和乡镇企业联合，相互取长补短，使潜在生产力变为现实生产力。例如：杭州玻璃厂与镇海玻纤厂联合后，支援铂金坩埚，代培技术工人，派去指导小组，使小厂利润成倍增长。

3. 产品扩散。杭州玻璃厂原有一座中碱玻璃球窑，为了满足无碱球的需要，决定改建为无碱球窑。该厂与正要建中碱球窑的厂家协商，双方达成协议。杭州玻璃厂将中碱球窑设计和技术进行转让，并协助安装，既帮助了对方，自己又节约了资本，建成了无碱球窑。

二、以补偿贸易方式实行资金联合

秦皇岛玻璃纤维厂，进行第二条生产线改造时，筹集资金的方式有：

1. 乡镇玻纤厂补偿筹资。由秦皇岛玻璃纤维厂提供小厂所需的玻璃纤维和技术培训，小厂筹资支持大厂技改。

2. 老用户集资，建立固定的供应关系。哈尔滨、连云港、郑州等地绝缘材料厂，共集资340万元。根据投资款项，固定提供原材料无碱玻璃布和玻璃纤维。

3. 贵金属折款投资。

通过上述3条集资途径，共集资1101万元，解决了技术改造资金的困难，为秦皇岛玻璃纤维厂的长期发展提供了保证。

三、劳务技术联合

秦皇岛玻璃纤维厂，先后与山西省离石县玻纤厂、辽宁大洼针织厂、卢龙县燕河营乡玻纤厂、内蒙古磴口玻纤厂等7个单位，开展技术咨询工作。这些厂全部投产后，形成生产能力玻璃纤维2100吨，玻璃布83万米，大大提高了生产能力。杭州玻璃总厂，接收需要某种产品的厂家派人进行技术培训，以劳务补偿方式满足对方的需要。再如，江苏省如皋县玻纤厂和浙江省岱山玻纤厂，生产所需的玻璃纱来源没有保证，与该厂劳务技术合作后，保证了两厂的生产需要。

四、科研生产联合体

1988年8月25日，南京玻纤院、马鞍山市玻璃纤维厂科研生产联合体成立。联合体双方有常年合作经验，早在1985年双方就签订了第一份单项产品联营书，此项产品发展前景良好，获得了第一次合作成功。此后又签订了四项合作协议。

该联合体的宗旨是：根据科技同生产密切结合的方针，本着平等互利，横向联合，共同发展的原则，以先进的技术和科学管理指导生产，注重发展新产品，增加产品品种，提高产品质量，降低成本，提高经济效益，把联合体建成在国内具有一定先进水平的以玻纤增强材料及复合制品为主的科研生产联合体。

此外，建成的联合体还有，江苏省丹阳县玻纤厂与南京玻璃纤维研究设计院，建立科研生产联合后，南京玻璃纤维研究设计院将科技成果给工厂投产，工厂的生产实践又深入了研究院的科研目标。由于互相支持，生产不断发展，很快实现利润超过百万元。宜兴玻璃钢厂与上海玻璃钢研究院所建立合作关系后，研究院派技术干部下厂，生产大幅度增长，1985年的产值比 1984 年增加 54%。

五、其他联合形式

（一）建立玻纤产品原料基地

国家统一分配的玻璃球，不能满足秦皇岛玻璃纤维厂生产需要。为此，该厂选定辽河油田第二钻井队玻璃球厂和本溪玻璃球厂，作为原料生产基地，向这两个厂分别投资 50 万元，每个厂按国拨价提供玻璃球。

（二）转让科技成果

秦皇岛玻璃纤维厂与原国家建材局建材院联合，接受电厂过滤布技术转让，建材院又出资进一步研究试验，使该成果扩大到水泥、冶炼、钢铁等部门。江苏省乡镇玻纤企业，通过聘请专家、接受技术转让等途径，利用贴膜法解决了玻璃钢表面反射的技术问题，并成功应用于灯具照明和太阳灶上。

（三）举办技术培训班

洛阳玻璃厂职工学校开设的硅酸盐电教函授班，就是武汉工业大学电教函授学院为建材行业培养专门人才采取的一个有力措施。

第四节　改革硕果

党的十一届三中全会制定的"改革开放"的方针路线，使我国社会主义经济建设，在遭受"十年浩劫"的磨难后，步入了一个新的历史时期。20 世纪 80 年代的十年间，我国玻纤行业承受了技术和资金的压力，抵住了来自外部的干扰，实现了由内而外的蜕变，取得了稳步发展，成绩斐然，有目共睹。

1979 年，我国玻纤总产量为 46000 多吨，十年后的 1989 年，玻纤产量突破了八万吨大关，这是我国玻纤工业自诞生以来，前两个十年所没有的增长速度。十年间，我国的玻纤产量处于稳步发展趋势，没有过冷过热的起伏，见表 4-3。由于正处于由计划经济向市场经济体制转变的过程中，企业也在不断地进行策略调整，因此玻纤总产量每年的增长幅度都比较平稳。图 4-5 是 20 世纪 80 年代我国玻纤产量发展趋势图。

表 4-3　我国 20 世纪 80 年代玻纤产量列表

年份	产量 / 吨	年份	产量 / 吨
1980	46307	1986	66000
1981	44246	1987	回升
1982	43421	1988	回升
1983	54666	1989	82000
1984	66555	1990	86700
1985	71000		

在 20 世纪 80 年代的头三年，年总产量基本上在 4 万吨徘徊。第二个三年（1983—1985 年）就出现了高潮，这三年中，全国范围内出现了"玻纤热"，一大批小型玻纤厂如雨后春笋般涌现，绝大部分为乡镇企业。1984 年，中原地区一个省出现的小玻纤厂就多达 20 多家。这些企业技术落后，产品质量不高，但价格较低，在很大程度上冲击了市场。随着国民经济的调整，工业战线有所降温，出现了 1986—1988 年的"低谷"，刚刚兴起的小玻纤厂，无论是技术、管理、产品结构，还是资金和市场变化，它们都无法承受，纷纷倒闭。在当时的艰难时期，中国玻璃纤维工业协会应运而生，架起了政府与企业的桥梁，为玻纤企业的健康发展奠定了基础。到了 1989 年，在

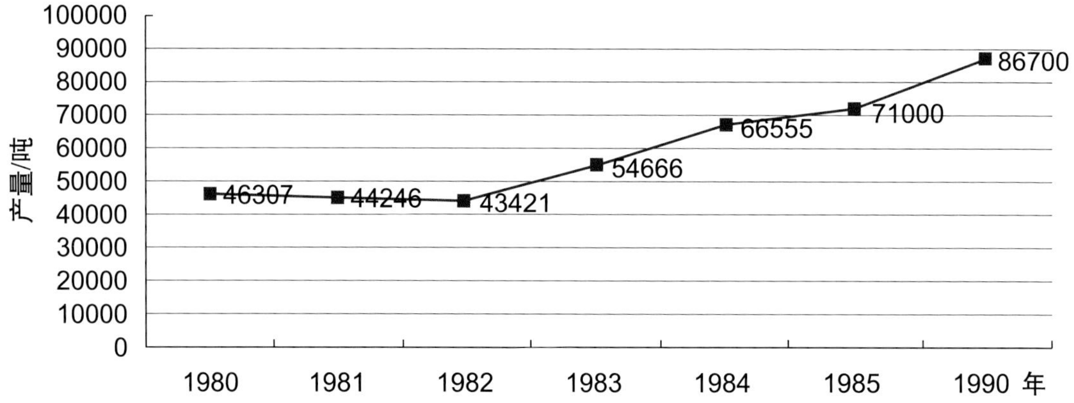

图 4-5 我国 20 世纪 80 年代玻纤产量示意图

党的十三届五中、六中全会正确路线的指引下，玻纤行业步入了平稳发展阶段。

技术上，我国玻纤行业从国外引进了大批的设备，刻苦钻研国外先进的技术，通过消化吸收，为我所用。改变了以往玻纤行业主要靠球窑生产的历史，大大提高了劳动生产力。

品种上，这十年来发生了明显的变化。过去都是细纱，近十年中，我国玻纤业纱的品种更加丰富，包括各种适用于玻璃钢的纱和浸润剂；方格布品种也显著增加，有 0.2、0.4、0.8 等多种方格布；特别是增加了三个毡的品种：短切纤维毡、各种厚度的薄毡和玻璃纤维连续原丝毡；在玻纤管方面，我国能生产各种绝缘等级的无碱套管；另外，其他品种，像过滤布、增强砂轮布也有很多品种。20 世纪 80 年代为了适应国内外市场的需要，产品结构上有了很大进步。

十年来，玻纤企业对于市场的应变能力适应性增强，能很快根据市场需求做出相应战略调整，这也是时代赋予玻纤企业的特点。

借着改革开放的东风，我国玻纤工业走出去，引进来，创新整合，完成了中国玻纤史上的华丽过渡。成绩永远属于过去，中国玻纤不会止步，因为还有更高远的目标——跻身世界一流。中国玻纤在路上！

第五章
扬帆起航 （1989—1999）

第五章

扬帆起航 (1989—1999)

　　从玻纤工业在中国燃起星星之火，到玻纤工业在神州大地扎根立足；从玻纤工厂的初期建设，到玻纤企业的遍地开花；从原子弹的石破天惊，到国外对玻纤的封锁重重；从"两弹一星"的扬眉吐气，到迎来改革开放的春风，中国的玻纤行业历尽数不尽的艰辛，终见雨后的绚烂彩虹。

　　忆往昔，历史的车轮碾碎了多少人的玻纤梦，多少次不间断的努力，才唤醒人们深藏内心的渴望。无畏的玻纤人，多少年，在艰难中跋涉，多少回，在痛苦中磨练，多少次，在欢愉中沉思，又有多少次，在拼搏中进取。猛烈的狂风吹不折这挺拔的脊梁，滔天的巨浪压不弯这坚毅的身姿。改革开放，神州大地再现勃勃生机，气象日新月异，旗帜飞扬，和平与和谐并翼，繁荣与稳定闪光，三大玻纤巨头领航，玻纤的巨轮正乘风破浪，扬帆起航。

第一节　池窑梦"梦想成真"

中国玻纤行业一路走来，走得曲折，走得豪迈，走得智慧，走得巧妙，走得艰难。面对国外在技术上的重重封锁，中国人用自己的智慧和坚韧，一步步地向着那个遥远的梦迈进。多少酸甜苦辣在岁月中镌刻，多少欢欣喜悦溢于言表。他们满腔赤诚放飞梦的希冀，他们攻坚克难披荆斩棘，面对内忧外患寻找一切契机，为了心中的梦想，为了让中国早日融入世界，为了让世界尽快接纳中国，他们无悔地奉献着自己的智慧和力量。

泰山玻纤首条万吨无碱玻璃纤维池窑拉丝生产线的点火，是中国玻纤史上的辉煌，开创了中国玻纤技术的新纪元，从此，中国人有了自己的池窑，实现了老一辈玻纤人的池窑梦。

一、经济背景：中国的市场经济体制基本确立

池窑梦的早日实现离不开国内大经济的支撑。以邓小平同志南方讲话和十四大为标志，中国进入了第八个五年计划时期，"八五"时期，中国改革开放和现代化建设进入了新阶段。

首先，中国经济体制实现了深刻的历史变迁，传统计划经济体制已被打破，社会主义市场经济体制的基本框架得以确立。市场经济从根本上解放和发展了社会生产力，发展玻纤的力量也被市场经济激发出来。中国的经济实力和综合国力显著增强，人民生活实现了历史性跨越。

对外开放的范围和规模进一步扩大，形成了由沿海到内地、由一般加工工业到基础工业和基础设施的总体开放格局。我国建材工业发展迅速，水泥、玻璃、建筑陶瓷、玻璃纤维产量迅速增加，产品的质量、档次也有了不同程度的提高，基本上满足了国民经济和社会发展的需要。

"八五"期间，玻纤行业发展重在调整，在协调中求发展，由高耗能型转变为低耗能型，由内向型转为外向型。集中力量消化吸收我们引进的技术，使之国产化，为老厂大规模改造提供技术和装备。玻纤行业从改革大潮中一路走来，任凭坎坷与崎岖，乘风破浪，直挂云帆。

二、政治背景：国家大力扶持

中国的玻纤业能早日实现池窑拉丝技术，除了市场的调节作用外，也离不开国家的宏观调控。

（一）十四大是实现池窑拉丝的推动力

1992年9月，中国共产党第十四次全国人民代表大会在北京召开，提出要加快改革开放和现代化建设的步伐，进一步解放和发展生产力，实现大踏步的前进，推动经济发展和社会的全面进步。

我国玻纤行业充分响应十四大的号召，紧紧抓住改革开放之机，加快了发展的步伐，只要是质量高、效益好、适应国内外市场需求变化的，都进行了大胆吸收和借鉴，包括世界各国甚至是资本主义发达国家的一些先进的经营方式和管理办法。

同时，中国玻璃纤维工业协会还结合现实形势，制定了玻璃纤维行工业"九五"规划，对玻璃纤维的发展方向做了定位，明确规定发展池窑拉丝，实现生产技术和装备的重大突破。瞄准当今世界先进水平，发展万吨级以上规模玻璃纤维池窑拉丝生产线，推动行业技术进步。使池窑拉丝生产能力的比重由27%提高到60%以上，生产技术达到20世纪90年代国际先进水平，形成具有自主知识产权的技

术装备系列。淘汰陶土坩埚生产，严禁其产品流入市场。重点扶持、培育3～5个年产5万吨以上，在国际市场上具有一定竞争力的大公司和企业集团。

如果说以往中国玻纤工业的发展犹如一只迷失方向的小船，缺少了灯塔的指引，愈行愈远，那么十四大和"九五"规划无疑就是那明亮的灯塔，为玻纤行业指明了方向，自此，中国的玻纤业不再惧怕迷雾，只要有那光亮，就能够给玻纤人无穷的力量。

（二）指导方针：控制总量 调整结构

建材"九五"规划极大地推动了中国玻纤业的发展，一些有实力的大中型企业，充分利用改革开放之机，引进国外先进技术，使得国内玻纤业的技术水平有了极大的提高。但随着玻纤业的快速发展，在行业内部出现了一些矛盾。在此期间，建材工业围绕"两个转变"展开，即经济体制转变和经济增长方式转变。这一举措正确处理了发展与淘汰、技术进步与经济效益、产品开发与市场应用的关系，正确地协调了玻纤行业在发展过程中的矛盾。

"九五"规划，制定了"控制总量，调整结构"和"由大变强，靠新出强"的方针，在调整结构中，用"三个坚持"为玻纤行业指明了方向。

1. 坚持"鼓励发展池窑拉丝，限制发展铂漏板球法拉丝，淘汰落后的陶土坩埚拉丝"；

2. 坚持在总量中提高无碱玻纤制品和增强型玻纤制品的比重，开发国内外市场急需新品种，同时提高产品质量，向国际化标准靠拢；

3. 坚持"企业要从小型、粗放型生产经营向规模化、集约化生产经营转化，重点培育扶持几个大型企业集团"的思路来发展中国的玻纤行业。

"九五"规划就如那一抹清新明媚的阳光，霎时劈开了笼罩在玻纤发展道路上的层层迷雾，让玻纤人再次看到了光明，明确了发展的路径。正确地处理了拉丝技术、产品品种、企业规模等各个方面的矛盾，确保了中国的玻纤业顺利前行。

第二节 "八五"期间玻纤工业的发展

一、引进国外先进设备概况

（一）珠海玻璃纤维有限公司

1990年，珠海玻璃纤维有限公司从日本引进年产4000吨无碱玻璃纤维池窑拉丝生产线全套技术。1994—1995年该池窑冷修扩建为年产7500吨。

（二）东莞南方玻璃纤维制品有限公司

东莞南方玻璃纤维制品有限公司从美国原丝公司引进一座年产4600吨无碱玻璃纤维池窑，于1990年4月投产。大大地提高了生产效率和产品质量，其中，喷射纱荣获1991年全国玻纤行业质量评比第一名。

除了引进池窑外，该公司还从美国引进了一批玻纤专业设备：直接无捻粗纱机6台，美国原丝公司制造，额定转速为1700转/分，卷装量为20公斤；单头粗纱拉丝机18台，美国原丝公司制造，额定转速为2200转/分，卷装量为12公斤；AFB-180型方格布织机2台，美国艾佛公司制造，打纬速度为120次/分，生产EWR-810方格布，设计生产能力为750公斤/（台·日）；AFB-150型方格布织机6台，美国艾佛公司制造，打纬速度为150次/分，生产EWR-610方格布，设计生产能力为 1098 公斤 /（台·日）；还有无捻粗纱机 15 台，美国 LEESONA 公司制造，设计生产能力为 750 公斤 /（台·日）；短切原丝机 2 台，美国 MORSE 公司制造，设计生产能力为 800 公斤 /（台·日）。

（三）重庆玻璃纤维有限公司

重庆玻璃纤维有限公司从日本日东纺绩株式会社引进了一条年产 1800 吨波歇窑无碱玻璃纤维生产线，于 1986 年 11 月份投产。

另外，从日本引进的专业设备有玻璃粉料配制设备一套，配制能力为日产配合料 8 吨；波歇炉一座，日产玻璃 6.2 吨，800 孔漏板 8 块，每台日产量为 650 公斤；单台拉丝机 8 台；原丝烘干炉一座，每台日产量为 6 吨；无捻粗纱机 5 台，每台日产量为 700 公斤；幅宽为 2080 毫米的短切原丝毡机组一套，日产短切原丝毡 9 吨。引进专业设备及软件技术共耗费 724 万美元，其中专业设备 593 万美元，软件技术费 131 万美元。

重庆玻纤厂在引进技术的同时，也注重及时进行消化吸收。1991 年 7 月，该公司自行翻版了一条年产 2000 吨波歇窑生产线。耗资 2500 万元人民币，国产化率达 70%～80%，年生产能力达到 3600 吨。

1991 年，公司又以总投资 412 万美元与美国 PC 国际有限公司、美国鲍里斯公司合资建立"重庆国际复合材料有限公司"。该公司的注册资本为 350 万美元。其主要原料生产技术、浸润剂配方、配制工艺及主要配制设备均从美国引进，还建立了化学分析、小样试制及测试手段先进的研究机构，并有中试车间及具有一定规模的生产车间，成为国内当时规模最大、技术装备手段最先进的玻璃纤维专用增强型浸润剂生产基地。

该公司于 1992 年底建成正式投入生产。投产的增强型浸润剂有缠绕型、喷射型、拉挤型、SMC、BMC 及方格布、短切毡、连续毡、增强尼龙、透明波形瓦用系列等十多个品种。产品质量达到 20 世纪 90 年代初期国际先进水平。

1996 年 5 月初，该公司自行设计的一条年产 3000 吨无碱玻璃纤维池窑生产线正式点火投产。1999 年元月，重庆玻璃纤维厂年产 8000 吨玻纤池窑投产。

（四）九江五七二七工厂

九江五七二七工厂无碱玻璃纤维引进生产线项目为国家计委、国家经委、国防科工委批准的首批军民结合型重点技改项目，总投资 2657.42 万元人民币，主要生产设备从美国、法国、德国和捷克引进。该项目 1991 年 8 月正式投入生产。

（五）引进组合炉的生产厂家

1. 成都玻璃纤维厂与中国长城工业公司、美国玻璃原丝公司合资兴建成都华原玻璃纤维有限公司，全部引进美国的技术与装备，建立一条年产 800 吨的无碱组合炉生产线，于 1993 年 5 月 3 日点火投产。

该生产线年生产能力为 800 吨无碱玻璃纤维制品，组合炉的熔化部和通路全部采用天然气加热，拉丝漏板则采用电热加热，为气 / 电式组合炉。这种组合炉综合了坩埚法和池窑法的生产特性，达到 20 世纪 90 年代初期的国际水平。

2. 贵州凯里玻璃厂与美国玻璃原丝公司合资成立凯原玻璃纤维有限公司，全套引进美国专业设备及软件技术，建立一条无碱组合炉生产线，设计年生产能力为 800 吨。

该生产线共有 800 孔漏板 3 台，用于拉制各类无捻粗纱；2000孔漏板1台，用于拉制直接无捻粗纱。

3. 湖北省老河口玻璃纤维厂与美国拉玛斯工业公司合资，成立老河口拉玛斯玻璃纤维有限公司，从美国玻璃原丝公司引进全套专业设备与软件技术，建立一条"洋"代铂炉生产线。共有800孔及2000孔炉位10台，设计年生产能力2000吨，总投资280万美元。

（六）引进玻纤缝编织物的生产厂家

秦皇岛仙岛复合材料公司，于1993年通过美国某公司引进德国玛利莫的玻纤缝编机共4台，其中一台为缝合短切毡机组，两台经纬纱呈正交排列的带短切机的复合毡缝编机，另有一台缝编机可生产无捻粗纱呈±45º及±90º排列的复合毡。总计花费200万美元，加上配套设备在内，合计总投资为3000万元人民币。

该公司试制成功的针织短切毡于1995年8月通过了技术鉴定。鉴定认为，该公司在一年多的试制期间，自行研制与引进设备配套的附属机械，并对引进设备进行适当的改造，还选用国产原料代替进口原料取得了成功。试制成功的针织短切毡，各项技术性能优异，达到20世纪90年代初期的国际先进水平，产品填补了国内空白。1995年产量达到4000吨水平，出口量约3000吨，具有较高的经济效益和社会效益。

（七）其他引进设备的厂家

自1995年以来，从德国MALIMO公司引进玻纤缝编机的生产厂家还有好几家：秦皇岛玻璃纤维总厂引进2台MALIWATT缝合短切毡机；桐乡引进2台MALIMO机，1台MALIWATT机；兴平玻璃纤维厂引进1台MALIWATT机；南京、无锡、保定各引进1台MALIWATT机；潮州引进1台MALIWATT机；常州武进引进1台MALIWATT机及1台MALIMO机。

另外，上海耀华玻璃厂从欧文斯康宁公司引进了细纱薄布的一条线，并投产。这条线是全铂坩埚织细纱薄布，比较先进，虽然价格较高，但对于提高我国细纱薄布技术装备水平来说是一个显著的进展。

这些引进都是调动了企业和地方的积极性搞起来的，是在原国家建材局的关心和指导下进行的。在"八五"期间，行业集中力量，国家投资，消化吸收这些先进的技术，用翻版技术改造老企业。无疑，新技术的引进是对传统玻纤工业进行的一次重大技术变革，也是中国改革开放以来，首次大规模地进行技术引进。这次技术革新极大地推动了生产力的发展，带来了经济的繁荣。

二、中国玻纤工业的发展特色

（一）产量格局平分秋色

到"八五"时期结束，全行业已拥有年产千吨以上的大中型企业近四十家，其中最大的厂家年产愈万吨，地方中小型企业二百余家，分布在全国除西藏以外的所有省、直辖市和自治区（不含台湾），还有两个专业研究设计院所，四十几家专业设备机械制造企业和二十几家化工原料生产企业，行业职工总数已达十余万人。

"八五"期间，玻纤产量高速增长，在这些总产量中，原16家大中型企业所占比例有所下降，中小型企业产量所占比例上升。这些中小型企业年产量大的在千吨以上，小的仅有数百吨，多集中在冀、鲁、豫、川、浙等省。"八五"期间对产量增长的贡献，很大一部分是来自这些成长起来的中小型企业。

从 20 世纪 80 年代提出的"计划"为主，"市场"为辅，到 1989 年提出的"计划与市场相结合"，再到"八五"期间，我国的改革开放一直处于探索阶段。原来的 16 家大中型企业由于过去一直实行计划经济，在面对新市场时，转变不灵活，致使这些大中型企业在原生产水平上徘徊，甚至出现减产或半停产状态；而那些中小型企业，应改革开放市场而生，能紧紧抓住机遇，扩大生产，其产量由原来占全国总产量的 30% 上升到"八五"末占全国总产量的 50%。全国大中型企业与中小型企业的产量格局已是"平分秋色"。

（二）品种多样化

20 世纪 90 年代初期，相当多的中小型企业还是"老三样"：方格布、包扎布、平纹布，进入"八五"以后，国有大中型企业投重资开发高科技、高附加值、市场前景广阔的新产品，地方中小型企业产品品种也上了一个新台阶，开始生产原来只有大中型企业才能生产的中高档产品，一些技术雄厚的中小型企业，还有能力生产刚刚问世的新产品。产品品种的多样化极大地丰富了玻纤市场。

进入"八五"以后，无纺制品发展较快，在"七五"期间刚刚起步的基础上，陆续推出了表面毡、短切原丝毡、连续毡、膨体纱、湿法薄毡以及各种复合毡。虽然有的毡材早在 20 世纪 80 年代中期已经面世，但当时仅仅是产品研发成功，还没有从产量上达到一定规模。"八五"时期，这些产品不但在质量上获得了很大提高，而且在产量上也形成了一定的规模。这些品种在玻璃钢、防水、滤材和保温等应用领域使用量也在逐年增长，纱毡增强基材的比例已从 40% 增长到 50%。

在我国玻璃纤维增强塑料工业推广使用的增强材料中，短切原丝毡占有一定的比重。我国从 20 世纪 80 年代初便开始研制玻璃纤维短切原丝毡，1984 年在常州 253 厂完成 CSM1800 型机组的鉴定，该机组设计年生产能力为 500 吨，估计该厂累计生产不超过 1000 吨。继而 1987 年在南京玻纤院完成 CSM1200 型机组的鉴定，该机组安装在安徽省皖南玻纤厂，年设计生产能力为 300 吨。

（三）企业规模逐步扩大

直到 20 世纪 80 年代初期，我国玻纤工业年产量在千吨以上的企业仅有十二三家，其中产量较大的上海耀华玻璃厂、天津玻纤总厂等国有大中型企业年产量也只有 4000 ～ 5000 吨。而"八五"期间一批具有相当生产规模、经济实力雄厚的地方企业迅速崛起，引起全行业的瞩目，如浙江巨石集团以及年产 7500 吨的珠海玻纤厂、年产 6600 吨的重庆玻纤公司等合资企业和引进企业。

在这些后起之秀中，发展最快的要数浙江巨石集团，它的前身是桐乡玻璃纤维厂，20 世纪 80 年代初该厂还是一家仅有几台"陶土坩埚"的乡镇企业，经过十余年的奋斗，已一跃成为全行业年产量最大的企业。该公司继 1994 年 11 月第一座年产 8000 吨中碱玻璃纤维池窑投产后，1996 年 4 月又一座年产 5000 吨无碱玻璃纤维大型组合炉点火投产，年生产能力已超过 2 万吨。

（四）形成三大玻纤领航企业

1. 泰山玻纤首建万吨池窑迎春风

泰山玻璃纤维有限公司（图 5-1），简称"泰山玻纤"，在中国玻璃纤维工业发展史上一直占有重要地位。为积极响应十四大号召，努力完成"九五"计划指标，赶上国际先进水平，1992 年 1 月 29 日，泰安市复合材料工程筹建处成立，负责筹建我国首条万吨无碱玻璃纤维池窑拉丝生产线。

图 5-1　泰山玻纤大楼

1994 年 11 月 18 日，泰山玻纤举行我国首条万吨无碱玻纤池窑拉丝生产线奠基仪式（图 5-2），此时，国内玻璃纤维生产企业的平均规模仅约 1500 吨，万吨池窑的建设是玻璃纤维行业的一大进展。

图 5-2　泰山玻纤首条万吨无碱玻纤池窑拉丝生产线奠基仪式

1997 年，凝聚了全体玻纤人智慧和汗水的首条万吨无碱玻璃纤维池窑拉丝生产线正式在泰山玻纤建成投产（图 5-3），一举打破了国外的技术封锁，彻底改写了中国没有大型无碱玻璃纤维池窑的历史，揭开了中国玻璃纤维工业池窑化大发展的序幕。从此，泰山玻纤以"保持国内领先，创世界知名品牌"为宗旨，迅速发展。

图 5-3　泰山玻纤首条万吨无碱玻纤池窑生产线点火仪式

2. 桐乡巨石抓住机遇大发展

巨石集团是玻璃纤维的专业制造商，作为世界玻纤的领军企业，多年来一直在规模、技术、市场、效益等方面处于领先地位。巨石集团获得荣誉无数，是国家重点高新技术企业、中国大企业集团竞争力 500 强、浙江省"五个一批"重点骨干企业和清洁工厂，但对于巨石的前身，玻纤行业内的后辈知道的也许并不多。

巨石的发展是从一个默默无闻的小厂开始的，为了能够充分参与市场竞争，从成立伊始，巨石集团就定下了瞄准国际先进技术、建设池窑拉丝生产线的目标。巨石集团第一次转型升级始于 1993 年，从文化之乡石门小镇搬迁到桐乡经济开发区，并重组成立了巨石集团。当时整个公司的年产能只有 5000 吨，玻纤制品产能更是为零，销售收入仅有 3200 万元，利税总额不足 500 万元，在我国众多的玻纤企业中是一个实实在在的小企业，更谈不上大规模工业生产和国际化了。

1994 年，巨石集团建成了我国第二座，也是当时国内最大的 8000 吨级池窑，拉开了巨石集团依靠科技创新快速发展的序幕。1999 年"中国化建"（即中国玻纤的前身）股票成功发行上市，为巨石集团的快速发展提供了宝贵的资金支持，巨石集团开始筹建当时国内最大的年产 1.6 万吨的无碱池窑生产线，并于 2000 年底建成投产。这条生产线的建成，标志着巨石集团进入了全球玻纤企业第一集团军的行列，也使巨石集团走上了高速发展的快车道，巨石科技大楼（图5-4和图5-5）淳朴厚重，象征着巨石与日俱增的实力。

图 5-6　公司总部办公大楼

图5-4 巨石科技大楼　图5-5 巨石科技大楼夜景

图 5-7　电子布生产车间

巨石的成功与总裁张毓强先生的审时度势、运筹帷幄密不可分，巨石因此才能抓住发展的大好机遇。"十四大"提出"加速经济发展、全面提升社会进步"，为国内各行业创造了一个发展的机遇；同时，改革开放步伐的加快使得中国有机会触及国际玻纤技术的先进水平；此外，国家也有计划扶持一些具有国际竞争力的企业集团。这些因素的综合影响，给巨石提供了一个飞跃发展的平台。

3. 重庆国际复合快速发展

重庆国际复合材料有限公司（简称 CPIC），是由云南云天化股份有限公司控股，美国凯雷集团及多个外方股东参股的中外合资企业，成立于 1991 年，是一家研发、生产高性能玻璃纤维及浸润剂的新材料高新技术企业，也是一家依靠科技创新快速成长起来的国际化玻璃纤维制造企业（图5-6～图5-9）。

图 5-8　拉丝生产线

图 5-9　池窑生产线

CPIC 是中国最早（1986 年）用直接法生产 E 玻璃纤维的制造商。1996 年，重庆国际复合材料有限公司年产 3000 吨无碱玻纤波歇炉投产，1999 年元月，重庆国际复合材料有限公司年产 8000 吨玻纤大型组合炉投产。

一次次的进步意味着一次次实力的加强，如今，重庆国际已拥有世界一流的生产设备和工艺技术，是三大玻纤领航企业之一。

（五）同期台湾玻纤状况

台湾玻璃纤维生产始于 1974 年，比大陆滞后 16 年。原有两个玻璃纤维公司。明达（原名大来）玻纤公司拥有两座池窑，年产能力 9000 吨；中兴电工（原名中央玻纤公司）也拥有两座波歇炉，年产能力 3600 吨。生产品种几乎全部是无纺玻纤制品，其中短切玻纤毡占 48% 以上，无捻粗纱和无捻粗纱布各占 20%。

20 世纪 90 年代，台湾通过引进技术和合资等方式，新建了三个生产玻璃纤维的公司：1.心成股份有限公司，与美国 PPG 公司合资，投资 7000 万美元，技术费用为 1500 万美元，年产 2 万吨的池窑法生产；2.台湾玻璃公司，引进美国 QCF 公司的技术，投资 4000 万美元，具备年产 1.5 万吨的池窑生产能力；3.橡树电子公司，引进日本日东纺公司的技术，投资 3600 万美元，具有年产 1 万吨的池窑生产能力，产品主要用于印刷线路板的制造。

1990 年全部投产后，台湾的玻纤生产能力达到 59000 吨，超过大陆 16 个大中型玻纤企业的产量，总体技术与产品质量均遥遥领先于大陆，但同时也存在生产过剩的问题。

第三节　中国玻纤标准逐步完善

一、中国玻纤工业标准化概况

中国的玻纤企业大小有几百个，产品多种多样，从 1958 年我国玻纤工业起步，一直没有形成一个完善的规范制度来监督产品质量，以至于企业不管生产的产品质量如何，都敢投放到市场，展开价格战，抢占市场资源，严重地扰乱了市场秩序。

为了推动玻璃纤维生产发展、技术进步，健全市场秩序，更好地发挥行业内专家和企业的群体优势，调动各方面积极力量，1999 年 9 月原国家质量技术监督局正式批准成立了全国玻璃纤维标准化技术委员会。

技术委员会由有关部门的领导、科研院所、大专院校的技术专家及玻璃纤维生产和应用领域的骨干企业组成，所有委员均由原国家质量技术监督局聘任，秘书处设在国家玻璃纤维产品质量监督检验中心。技术委员会的主要任务是在原国家质量技术监督局领导下，从事全国玻璃纤维专业领域内的标准化工作，全面负责玻璃纤维国家标准和行业标准的规划、制定及审议，承担国际标准化组织的对口技术业务工作以及组织国内的标准化技术咨询和服务等。

二、中国玻纤工业标准化工作推进进程

我国的玻璃纤维工业始于 1958 年，在建设的初期，完全是照搬苏联 20 世纪 50 年代的生产技术和装备。早在玻璃纤维工业发展的初期就十分重视标准化工作，玻璃纤维行业产品标准推进的进程如下：

◆ 1962 年原建筑工程部建筑材料研究院纤维室负责起草制定了《玻璃纤维制品》等全国统一的玻璃纤维企业标准，共计 13 个。

◆ 1964 年建筑工程部首次正式颁布了《无碱玻璃纤维纱》（JG 26—1964）、《无碱玻璃纤维带》（JG 27—1964）、《无碱玻璃纤维布》（JG 28—1964）3 个部颁标准。

◆ 到了 20 世纪 70 年代，玻璃纤维生产逐

步扩大，产品的品种规格逐渐增多，1972年由南京玻璃纤维工业研究设计院负责，除对上述3个无碱玻璃纤维产品标准进行修订外，还制定了《中碱玻璃纤维布》《玻璃纤维制品试验方法》等18个标准。

◆ 1973年中华人民共和国基本建设委员会正式颁布了以上21个标准，实施日期为1973年7月1日。同时也对1962年制定的统一标准进行了修订，对那些未列入部颁标准的产品和规格，继续以统一企业标准的形式发布。

这些工作，对统一玻璃纤维产品规格和提高产品质量起到了积极的推动作用。

◆ 20世纪70年代末期，国家开始对国民经济体制进行改革，企业自主权扩大，全国统一的企业标准已不利于产品品种的发展和质量的提高，为了更好地做到产销对路，为用户服务，建筑材料工业部决定逐步废止全国统一企业标准，转化为企业自订标准。

◆ 1983年至1989年，主要是制定基础标准和方法标准，共制定了玻璃纤维术语和代号标准4个，玻璃纤维毡的试验方法标准2个，玻璃纤维纱线试验方法标准6个，玻璃纤维织物试验方法标准6个，玻璃纤维通用方法标准2个，总计20个国家标准和4个玻璃球的产品方法部颁标准。20个国家标准中，除4个术语和代号标准外，其余16个试验方法标准全部是等同或等效采用ISO标准。但是由于产品标准还未进行修订，产品标准中引用的试验方法仍为老标准，因此这些国家标准并未得到有效执行。

◆ 1990年至1994年，这期间主要是制定产品标准，虽然当时引进国外先进生产技术和装备的珠海经济特区玻璃纤维企业有限公司已正式投产，但国内占主导地位的仍为传统产品。无碱系列产品纱支与国外不同，造成纱线和织物的规格与国外产品不对应，无可比性，而中碱产品又为我国所独有，国外无同类产品可进行性能对比。在浸润剂的使用上，国外纺织型为淀粉类，而我国为石蜡乳剂，增强型浸润剂国外为偶联型，而国内大多是不含偶联剂的，无增强可言；在生产工艺上，国外多为软筒拉丝，而我国为硬筒拉丝，造成原丝无法干燥处理，含水率高。这些都给制定产品标准带来了很大的困难。因此这期间制定玻璃纤维产品标准在参考国外先进标准的基础上带有很多的中国特色。

◆ 1992年原国家建筑材料工业局发布了《玻璃纤维原丝系列表》，以推动产品品种规格靠近国际先进水平，但由于更改纱支系列涉及企业设定生产工艺参数、工艺技术、产品品种结构等一系列问题，新的原丝系列在玻璃纤维行业，尤其是在大中企业和老企业中推行比较困难。

◆ 20世纪90年代中期，随着国家经济的快速发展，玻璃纤维工业也得到了飞速的发展。珠海玻璃纤维企业有限公司经过几年的发展，取得了良好的经济效益，在1995年又进行了扩产，同时浙江巨石集团公司、重庆国际复合材料公司、重庆玻璃纤维厂、山东泰山玻璃纤维有限公司等池窑拉丝生产线相继投产，使得池窑法生产的产品在玻璃纤维产品中所占的比重大幅度上升，尤其是在增强制品方面，不但填补了国内空白，迅速占领了市场，而且产品大量出口。

这些池窑的投产，提高了我国玻璃纤维工业的生产水平和产品质量水平，缩小了与发达国家的差距，使我国玻璃纤维产品总体质量上了一个台阶。

◆ 1999年，根据国家经济发展要求，国家建筑材料工业局提出了"控制总量、调整结构、淘汰落后"的建材工业发展的总体思想。按照这个思想的要求，我国玻璃纤维工业正在进行大的结构调整，逐步淘汰落后的生产工艺和设备，从坩埚拉丝向技术装备更先进、劳动生产率更高的池窑拉丝发展。

为了适应玻璃纤维发展的要求，原国家质量技术监督局批准了对玻璃纤维标准进行全面制修订的计划，按照"优先转化或等效采用国际标准和国外先进标准，淘汰落后产品，提高我国玻璃纤维生产水平，促进国际贸易，适应国民经济发展和中防建设的要求"的原则，由全国玻璃纤维标准化技术委员会来负责组织，国家玻璃纤维产品质量监督检验中心牵头，吸收国内大中型骨干企业参加。

◆在 1999 年至 2000 年一年多的时间内，对玻璃纤维标准进行了一次全面的制修订，从术语代号标准，到试验方法标准以及一些产量大、涉及广、技术先进的产品标准一同制订，共制（修）订国家标准 24 个。现在这些标准已正式颁发，这些标准的实施，是对我国玻璃纤维产品质量提高的又一次积极推动。

第四节　扬帆起航之玻纤硕果

一、池窑拉丝技术比重加大

截至 2000 年底，我国玻璃纤维总产量达 21 万吨，是 1980 年产量的 5 倍。其中，建成投产的池窑拉丝项目 10 个，年生产能力 6.55 万吨，实际产量超过 6 万吨，占全国玻纤总产量的 28%，其中万吨级池窑总体技术装备水平达到了国外 20 世纪 90 年代中期水平。

◆1996 年 4 月 20 日，浙江桐乡巨石玻纤公司年产 5000 吨无碱玻璃纤维大型组合炉投产。

◆同年，上海耀华玻璃厂年产 1 万吨中碱玻璃纤维池窑投产；重庆玻纤有限公司年产 3000 吨无碱玻纤池窑投产。

◆1997 年，国家"八五""九五"计划建材行业重点项目国内首条万吨级玻璃纤维池窑拉丝生产线在山东泰山玻纤公司投产。

◆1998 年 11 月，以南京玻纤院"八五"国家重点科技攻关成果为基础并由杭玻集团公司筹建的年产 7500 吨无碱池窑拉丝生产线点火投产。

◆1999 年元月，重庆玻璃纤维厂年产 8000 吨玻纤大型组合炉投产。

二、企业改革初见成效

国有企业改革初见成效。按照建立现代企业制度的要求，通过改组、改造、兼并、收购等方式，形成了一批具有一定实力的大公司和企业集团。建材工业经济运行质量和效益明显提高，国有企业改革与脱困三年目标基本实现，1999 年扭转了全行业连续两年亏损的局面，但玻璃纤维及制品、部分非金属矿深加工产品等尚需进口。

企业结构也有了很大变化，形成了"泰山""巨石""重庆国际"年产量分别超过 3 万吨的大型池窑拉丝企业三足鼎立的局面，其产品已有 50% 左右进入国际市场。

三、玻纤产品有很大突破

四川玻纤厂玻纤技术取得很大突破，1995 年 12 月，四川玻纤厂 EW200-127 宽幅覆铜板基布开发成功；1999 年，开发出 EW200-127A 型箭杆织布机、EW24tex 大卷装系列商品纱、CC28tex 系列无捻粗纱等新产品。

从玻纤新品种产量上来说，无碱玻纤制品和增强型玻纤制品分别达到总产量的 40% 和 50% 以上，增强型玻纤制品质量有了显著提高，品种基本配套。为了适应国内外市场高新技术产业及国防建设对玻纤制品的需要，我国玻纤行业研制和开发了许多能够发挥玻璃纤维物化特性的新品种。

站在世纪之末，我们回望过去，近半个世纪的征程里，玻纤行业经历了太多艰辛，终于拔起巨锚，扬起风帆，创造了自己的辉煌。站在新世纪之首，我们祈盼未来，中国玻纤必将百花齐放，展翅鹏程。

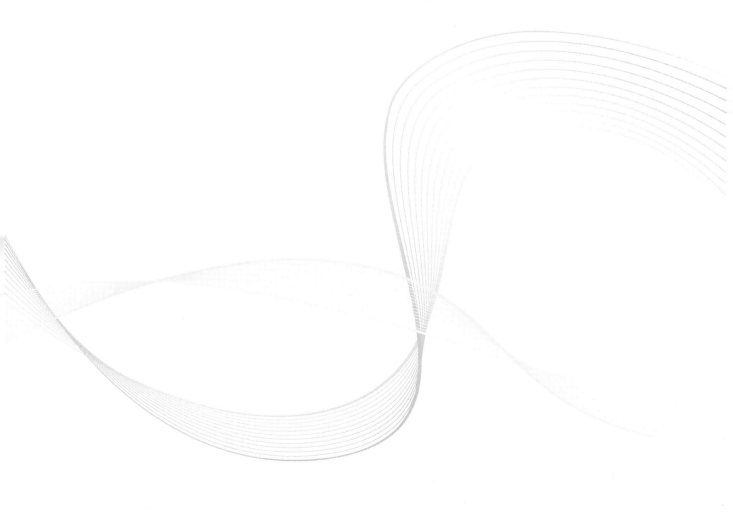

第六章

群龙起舞 （1999—2009）

第六章

群龙起舞 (1999—2009)

　　高山仰首，大海扬波，中华大地溢满了新世纪的朝晖。渔阳鼙鼓动地来，惊破霓裳羽衣曲。 金融危机势如凶猛的波浪，妄想将整装待发、扬帆起航的玻纤巨轮吞没，只见万顷颓波分泻去，一洲千古砥中流。西部大开发的号角吹响了。我辈喜山当梉杆，神州扬征程。敢持利斧劈浊浪，敢挽刀镰如长弓，任风霜雨雪，任艰险峥嵘。雄关漫道，红旗卷西风。南水北调，西气东输，西电东送，青藏铁路，终让国内需求重新拉动，终让玻纤顺利前行。

　　"十五"规划绘宏图，泰山玻纤第二条生产线的点火是世纪回眸舞台上的倩影，座座池窑是舞台上闪烁的霓虹，三大巨头率先舞起红绸，挑起玻纤的长明灯。激情唱响，群龙起舞，多少寻梦的足迹走过春夏秋冬。夜雾迷漫，星月朦胧，玻纤之船悄然驶进了二十一世纪的黎明。奋进的脚步，踏上了新一轮的风雨兼程。敢问路在何方，路在脚下。疾行的步伐，追赶，超越，东方巨龙让世界震惊！

第一节　金融危机下的玻纤行业

"九五"过后，处于世纪之交，我国经济和社会全面发展。面对错综复杂的国内外环境，党中央总揽全局，实现经济"软着陆"，扩大内需，抑制了通货膨胀，克服了亚洲金融危机和国内有效需求不足带来的困难，国民经济和社会发展取得巨大成就。

一、金融风暴来袭

1997年7月起，爆发了一场始于泰国、后迅速扩散到整个东南亚并波及世界的东南亚金融危机，使许多东南亚国家和地区的汇市、股市轮番暴跌，金融系统乃至整个社会经济受到严重创伤。这次东南亚金融危机持续时间之长、危害之大、波及面之广，远远超过人们的预料。

此次金融危机势如凶猛的波浪，给中国经济的持续稳定发展带来了强烈的冲击。1995年，中国市场对东南亚的依赖度高达35%～40%。这也意味着，东南亚和中国的产品出口市场都有不同程度的降低。同时，中国引进外资发展国内经济的难度加大。中国市场陷于疲软，玻纤行业也陷入低迷。连续几次降息对刺激消费毫无成效，中国的经济学家想起凯恩斯的理论：在有效需求不足的情况下，财政政策比货币政策更能刺激经济。1998年春天，积极的财政政策的主张被政府采纳。

1999年，西部大开发的号角吹响。西部大开发加快了水利、交通、通信、电力及城市基础设施建设，对建材产品的需求产生了新的拉动，同样，对玻纤的发展也是一个有力的推动。

另一方面，2001年"十五"规划的实施将重点放在"四大工程"，即南水北调、西气东输、西电东送、青藏铁路工程，极大地拉动了建材产品需求，尤其是玻璃纤维及制品、复合材料和非金属矿深加工产品中的超细、改性功能材料的需求出现了较快增长。

二、与狼共舞

2001年12月11日，中国加入世界贸易组织。入世十余年来，中国成为全球最开放的市场之一。入世，对汽车、玻纤这类行业来说，竞争压力更大，可谓是"狼来了"，然而人们原本担心的弱势产业在外来的竞争压力下非但没有变小，反而变得更强，进入了"与狼共舞"的时代。中国融入了世界，世界接纳了中国。只有开放，才能发展，只有分享，才能共赢。

全球科技突飞猛进，中国加入世界贸易组织，有利于我国玻纤行业接触到国外先进技术，有利于我国玻纤企业转变观念，跟上世界玻纤行业发展趋势，吸收国外先进技术和管理经验，发挥比较优势，全方位参与国际竞争，当然同时也要面临严峻的挑战。与国外先进水平相比，国内玻纤企业在技术装备水平、研究开发能力以及能源、资源利用效率等方面存在较大差距。部分商品关税降低可能导致进口量增加，国内市场国际化，跨国公司将依托其在资金、技术、管理等方面的优势，加大对我国玻纤领域的投资，国内玻纤企业将面临更加激烈的竞争。

第二节　练内功，有力度

一、"十五"规划重在调整

2001—2005年，是我国第十个五年规划时期，也是建材工业在产品结构、技术结构、组织结构、地区结构调整和优化的关键时期，外部环境对行业技术进步和结构调整将产生重要影响。"十五"规划要求建材行业生产设备趋向大型化,生产过程向自动化和智能化发展,注重规模效益和节能降耗,"十五"规划要求建材企业在以先进技术、现代化管理和雄厚的资金实现全球性扩张的同时,其市场营销、服务逐步向网络化、信息化方向发展。

玻纤行业应"十五"规划要求,以市场为导向,以企业为主体,以科技创新、体制创新为动力,通过企业技术改造,提高产品质量,积极发展高新技术及产品,控制总量,加大落后技术和产品的淘汰力度,推进企业资产重组,重点培育拥有自主知识产权、主业突出、核心能力强、有国际竞争力的大公司和企业集团,搞活中小企业,促进建材工业持续、稳定、健康发展。

截止到 2005 年,玻璃纤维总产量为 38 万吨,其中,池窑拉丝玻璃纤维产量达到 23 万吨,占玻璃纤维总产量的比重为 60%。开发和引进年产 2 万～3 万吨规模的电子级玻璃纤维池窑拉丝技术装备以及电子级玻纤布生产技术,使行业的技术水平达到国际先进水平。具体措施包括:

1. 发展池窑拉丝玻璃纤维,实现生产技术和装备的重大突破

瞄准当今世界先进水平,发展万吨级以上规模玻璃纤维池窑拉丝生产线,推动行业技术进步。建设优质原料基地,继续实施用先进池窑拉丝工艺技术对落后生产工艺进行全面改造,使池窑拉丝生产能力的比重由当时的 27% 提高到 60% 以上,生产技术达到 20 世纪 90 年代国际先进水平,形成具有自主知识产权的技术装备系列。淘汰陶土坩埚生产,严禁其产品流入市场,重点扶持、培育在国际市场上具有一定竞争力的大公司和企业集团。

2. 开发新产品,加快高新技术产业化

根据市场需求,发展电子级覆铜板纱、布以及优质增强型玻纤捻粗纱、短切纤维及毡等产品,到 2005 年,出口增加到 9 万吨左右,进口由原来的 4.5 万吨减少到 2 万吨左右。加大电子级玻璃纤维织物类制品及复合材料/玻璃钢新技术、新产品的开发和市场开拓力度,重点研究开发片状模塑料(SMC)低压成型技术,干、湿法玻璃纤维毡增强热塑性塑料(GMT)片材制备,A 级表面处理技术,以及玻璃钢渔船、风力发电机叶片的整体优化设计与机械化成型等成套技术。支持特种纤维、特种玻璃、石英玻璃、特种陶瓷、高品质人造金刚石及特种光电晶体等高科技产品开发和成果转化,加快其产业化进程,形成新的经济增长点和出口创汇优势产业。

二、"十五"规划下的玻纤成果

我国玻璃纤维行业在"十五"期间是历史发展最快的时期,玻璃纤维应用领域不断扩大使我国玻纤产量增长迅速。2003 年玻纤行业已全面实现"十五"规划提出年产 38 万吨、池窑拉丝比例占 60% 和出口创汇 2.5 亿美元的目标。

从产品品种上来讲,"十五"期间玻璃纤维增强材料品种取得较快发展,短切毡、连续毡、缝编毡、针刺毡、经编土工格栅、各种增强网布增长迅速,膨体纱、玻纤壁布、过滤布、防火帘等生产线相继建成。

池窑拉丝比例获得很大提高,"十五"规划确定以先进无碱池窑拉丝工艺为发展方向,压缩落后坩埚法生产能力,在国家"双高一优"、"国债"项目投资的推动下,无碱玻璃纤维池窑拉丝比例迅速提升。自 1997 年,泰山玻纤首条万吨无碱玻璃纤维池窑拉丝生产线投产以来,中国加大了池窑的建设力度。

"十五"规划期间,我国玻纤产量的增长

主要来自无碱池窑拉丝，2005 年在产池窑 39 座、产能 71 万吨，在建池窑 5 座、产能 24 万吨。"十五"末期玻纤池窑拉丝所占比例高达 75% 以上，如表 6-1、表 6-2 所示。

表 6-1　2005 年国内池窑数量及产能

单位名称	池窑数量 /座	生产能力 /万吨
泰山玻璃纤维股份有限公司	9	17
巨石集团有限公司	7	15
重庆国际复合材料有限公司	6	12
珠海功控玻璃纤维有限公司	1	0.8
淄博金晶玻璃纤维有限公司	2	5.2
邢台金牛能源股份有限公司	2	4.6
广州忠信世纪玻纤有限公司	3	4
杭州圣戈班维特克斯玻纤有限公司	2	3.25
北京圣戈班维特克斯玻纤有限公司	1	2
昆山南亚 PFG	1	3
苏州台嘉玻纤公司	2	2
上海宏仁 GRACE	1	1.5
邯郸长丰新兴材料厂	1	0.5
泰山连云港	1	0.2
合计	39	71.05

表 6-2　2005 年在建池窑数量及产能

单位名称	数量 /座	生产能力 /万吨
巨石集团有限公司	1	10
重庆国际复合材料有限公司	1	3
昆山南亚 PFG	1	3
合计	3	16

中国加入 WTO 为玻纤行业参与国际市场竞争提供了发展空间，行业技术进步增强了出口创汇能力，池窑拉丝产品 60% 以上出口。"十五"期间玻纤及制品出口量年增长率为 30%，我国的玻纤制品已得到国际市场的认可。

"十五"期间围绕大型无碱玻纤池窑拉丝技术，采取引进和消化吸收相结合的方式，使我国无碱玻纤池窑拉丝技术达到国际平均水平，6000 孔拉丝、电助熔、在线短切等多项新技术也在逐步被采用。根据行业发展导向要求，年产 10 万吨无碱池窑拉丝生产线将在"十五"期间建成投产。

先进的无碱池窑拉丝技术加快了企业规模化进程，全国原有近 200 家玻纤及制品生产企业，玻纤生产最大规模几千吨。"十五"期间玻纤纱的生产开始集中，年生产能力 1 万吨以上玻纤纱企业有 11 家，泰山、巨石、重庆三大基地各自生产能力在"十五"期间均达到 10 万吨 / 年以上。

三、"十一五"时期抓机遇促发展

2006 年 3 月 14 日，十届全国人大四次会议表决通过了关于国民经济和社会发展第十一个五年规划纲要的决议。

"十一五"时期，和平、发展、合作成为当今时代的潮流，经济全球化趋势深入发展，科技进步日新月异，生产要素流动和产业转移加快，我国与世界经济的相互联系和影响日益加深，国内国际两个市场、两种资源相互补充，外部环境总体上对我国发展比较有利。

在加深对外交流合作的进程中，中国玻璃纤维工业协会发挥了至关重要的作用。多年来协会利用各种渠道与美国、法国、日本、德国等世界主要玻纤生产国及各大玻纤生产企业建立了交流沟通渠道，与相关信息部门有多年良好合作的工作基础。仅在 2008 年，玻纤协会就组织了多次交流活动，包括赴欧考察、2008

年玻璃球市场走势座谈会、第五届中国广州玻璃纤维复合材料展览会、全国玻璃纤维工业 2008 年工作会议等等。图 6-1～图 6-5 是 2008 年活动的部分照片。

中国玻璃纤维工业协会自 1987 年成立以来，调研了全体会员单位，掌握国内外 60 余年行业发展的信息资料，为会员单位提供专业的咨询指导服务。协会是玻璃纤维行业掌握信息最权威、最新、最全、最快的机构，在行业内具有广泛的影响。

图 6-1　2008 年 3 月赴欧考察

图 6-2　2008 年玻璃球市场走势座谈会

图 6-3　第五届中国广州玻璃纤维复合材料展览会现场

图 6-4　第五届中国广州玻璃纤维复合材料展览会

图 6-5　全国玻璃纤维工业 2008 年工作会议

2010 年 5 月，张福祥秘书长走访考察了上犹县南河玻纤有限公司，南河玻纤有限公司创建于 1989 年，总资产达 3800 多万元，拥有"南河"牌注册商标。和玻纤行业的许多企业一样，在经历了金融危机的洗礼之后，南河玻纤面临着新的发展机遇和挑战。国家产业战略调整要求淘汰落后产能，对公司部分业务形成压力，同时，国家鼓励发展玻纤深加工又给企业带来新的发展机遇。协会此次走访考察，正是为了与企业和当地政府一起研究在新形势下，如何帮助企业充分利用"十二五"规划的契机，布局新的企业发展战略。

图6-6　张福祥秘书长和上犹县委常委统战部部长付小新、江西省上犹县工业和信息化局局长刘明辉以及南河玻纤有限公司总经理李晖明进行交流和研讨

上犹县委常委统战部付小新部长介绍了赣州市产业政策和"十二五"规划的相关情况，认为赣州"十二五"计划提出限制玻纤产业落后产能的发展，鼓励发展玻纤制品深加工，企业可以重点切入玻纤下游深加工产业。李晖明总经理则介绍了企业的现状和未来发展计划。张秘书长听后从行业发展的角度，分析了南河玻纤目前面临的市场形势，希望在县里的整体规划中把南河玻纤的行业规划融入其中，使之作为上犹县"十二五"整体规划的一部分。对于企业发展玻纤制品深加工的具体实施方法，张秘书长建议引进先进的玻纤深加工设备，逐步实现产业升级。这正是犹江山水呈秀色，南河玻纤欲腾飞。

2010年仲夏，中国玻璃纤维工业协会副秘书长尹续宗一行来到九江地区的庐山脚下，调研玻纤行业发展，走访会员企业，考察了长江玻纤有限公司、九江市鑫星玻璃纤维厂和九江市庐山玻璃纤维厂的技术改造和产业升级情况。江西长江玻璃纤维有限公司通过改革，建立现代企业制度，实行技术改造，实现产业全面升级，克服了全球经济危机造成的影响，取得社会效益和经济效益的双丰收。

中国玻璃纤维工业协会除了深入基层调研，积极掌握国外玻纤市场的动态，架起了中国玻纤通向国际的桥梁，同时还受国家委托制定了玻纤"九五""十五""十一五""十二五"行业发展规划，审时度势，有效地指导国内玻纤企业的发展。国内玻纤行业的发展，需以市场为导向，用高新技术和先进适用技术提升池窑拉丝工艺水平，坚持产业结构和产品结构调整，继续提高无碱池窑拉丝技术水平、扩大玻纤基材品种、更新改造玻纤加工装备、积极开发玻纤品种，扩大应用领域。支持大企业集团和特色企业发展，千方百计扩大出口创汇，推进企业信息化建设，将玻纤行业做大做强，提高经济效益，努力实现走新型工业化道路。

四、"十一五"规划下的玻纤成绩

"十一五"时期是我国建材工业质量效益最好的5年。全行业继续实施"由大变强、靠新出强"的发展战略，在产业结构调整、方式转变、节能减排等方面取得了长足进步。

（一）玻纤总产量位居世界第一

我国玻璃纤维的总产量从2007年起位居世界第一，在线池窑共56座，年产能逾162万吨，提早完成"十一五"规划目标的160万吨，成为全球最大的玻璃纤维生产国和最大的电子布生产国，"十一五"期间玻璃纤维产量见

表6-3。巨石集团产能12万吨，雄踞全球首位。我国玻璃纤维行业的产能扩张，得益于全球市场对玻纤需求的增长，以及国内科技创新、技术进步等重大成果的有力支撑。

表6-3 "十一五"期间玻璃纤维产量

项目＼年份	2006	2007	2008	2009	2010
玻璃纤维产量/万吨	116	160	211	205	280
池窑纱占比/%	76.8	72.5	82.4	87.8	90
增长率/%	22.18	37.93	31.88	-2.84	36.58

（二）"十一五"期间中国玻纤行业发展状况

1. 技术进步促进产能迅速扩张

"十一五"以来，在"用高新技术和先进适用技术提升池窑拉丝工艺水平"的规划目标引导下，大型无碱池窑技术、纯氧燃烧技术、在线短切、电助熔、6000孔大漏板、新型玻璃配方、自动化物流线、风电用多轴向织物规模化生产、超细电子纱的规模化生产等一大批重要科技成就，极大地提高了行业技术水平和国际竞争力。

"十一五"期间，我国池窑拉丝比例稳步提升。2005年，"十五"规划完成时，我国池窑比例达到60%，2008年池窑比例达82%。2009年受国际金融危机影响，我国玻璃纤维行业采取了限产保价的战略措施，池窑企业关闭了部分窑炉，池窑比例虽略有下降，但池窑比例仍超过80%。2010年，停产窑炉陆续恢复生产，池窑比例达到84.77%，超过规划目标。如图6-7所示。

无碱玻纤池窑拉丝技术已经达到国际先进水平，世界最大的年产12万吨无碱池窑拉丝生产线在"十一五"期间建成投产，具有我国自主知识产权的技术装备已在全行业普遍采用，并陆续出口。

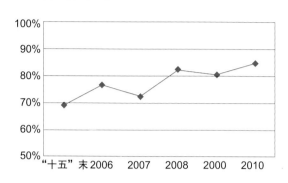

图6-7 "十一五"期间池窑拉丝比例

"十一五"期间，我国玻纤复合材料品种也得到较快发展，无碱玻璃纤维纱品种增多，短切毡、复合毡、经编土工格栅、三维经编织物等已经广泛应用到风力发电、航空航天、节能建筑和电子电器等领域。国产通用玻纤品质较好，无捻粗纱、细纱、膨体纱、短切原丝毡、缝编复合毡等通用玻纤的质量和国外厂商已处于同等水平，有些产品甚至优于国外厂商，如附加值最高的增强材料短切原丝毡。

2. 节能减排工作持续进行，水平不断提升

"十一五"期间，我国玻璃纤维行业的节能减排成效显著：池窑采用纯氧燃烧技术，大幅度降低能源消耗，全面实现节能减排，先进池窑企业吨纱能耗低于0.6吨标煤，达到国际领先水平；污水处理循环利用，零排放企业达50%。窑炉烟气采取除尘脱硫脱氟吸收处理；球窑运用全窑保温节能技术，降低能耗50%，年产4万～6万吨高效大型节能窑炉建成投产（表6-4）。

表6-4 玻纤池窑拉丝水平

项目	规模	熔化率	能耗	拉丝成品率
指标	3～12吨	1.4～2.4吨/(m²日)	≤0.8吨标煤/吨纱	90%～95%

3．出口比例不断增加，但一些高档制品仍需进口

"十一五"期间，尽管受到原材料价格和劳动力成本上涨、人民币升值以及国际金融危机的影响，但是我国玻璃纤维行业仍然保持较强的出口创汇能力，出口量位居世界第一。从 2006 年开始，我国玻纤产品出口比例超过 60%，国际玻纤市场对我国玻纤的推动作用，成为我国玻纤生产年平均增长 30% 左右的主要支撑。"十一五"期间玻纤及制品出口、进口情况见表 6-5。但我国出口的玻纤产品多数为传统玻纤产品，属于中低档制品，高档玻璃纤维产品仍依赖进口。传统产品出口价位低，进口的高档产品价位高，主要原因是精细化的产品在国内尚未覆盖，所以玻纤产品深加工成为发展的重中之重。

表 6-5 "十一五"期间玻纤及制品出口、进口情况表

项目＼年份	2006	2007	2008	2009	2010
玻纤及制品出口数量／万吨	79.01	108.48	120.79	97.66	110
玻纤及制品出口金额／亿美元	11.8	16.03	18.61	12.98	16
玻纤及制品进口数量／万吨	21.5	23	21	19.14	22
玻纤及制品进口金额／亿美元	7.3	8.13	7.27	6.27	7.45

4．行业技术创新体系初步建成

行业具有国家级技术中心两个、省级技术中心两个，多家企业建有博士后科研工作站，行业内有国家级高新技术企业十多家，技术进步推动结构调整升级的作用逐渐显现。

5．三大玻纤企业崛起，成为国内产业发展的领头羊

全球玻纤行业一直是寡头垄断格局。2005 年以前，由美国欧文斯科宁、PPG 和法国圣戈班占据 60% 以上的份额。近 5 年来，随着中国三大厂商巨石集团、重庆国际和泰山玻纤每年 30% 的持续高速产能投入，中国三强不仅寡头垄断着国内市场，也成为全球格局中新的寡头。

在行业产业整体发展的同时，产业结构也得到优化，生产要素集聚、产业集中度增强，形成三大主体的较为合理的产业格局。玻纤行业中的浙江巨石、重庆国际、山东泰山三大龙头企业，总产量占到国内全行业总产量的 65%，成为我国重要的玻纤工业基地，跻身为国际市场上最具实力的竞争者，从而改变了我国玻纤工业众多小型玻纤厂占主导地位的局面，完成我国玻纤工业结构的一大转变。

第三节　玻纤热潮

金融危机的狂澜、加入世贸的机遇、政府和协会的积极引领，机遇伴随着挑战。各个玻纤企业充分利用各种资源优势，抓住机遇，大干特干，如一条条巨龙，借着改革发展的春风，扶摇直上。玻璃纤维工业又迎来了大发展的新高潮。

自 1999 年下半年以来，玻纤行业产销两旺，特别是 2000 年出口量达 81911 吨，创历史最好水平，创汇 15905 万美元；国内市场供不应求，企业基本无库存，这是 40 多年以来的最好形势，给全行业带来了极好的发展机遇。随着高新技术产业的发展、国防军事工业以及用高新技术改造传统产业的需要，市场对玻纤的需求进一步提高。再加上以"发展为主题"指导方针的激励，我国出现了一股积极发展玻纤工业的热潮，席卷大江南北，提出建设万吨

池窑意向的项目就达 30 多个，不仅池窑热，球窑也热。主要表现在：

一是逐渐形成了一股建设池窑项目热。

据不完全统计，2004 年前后，已立项并做了可行性研究论证的老厂改扩建项目共有 4 座窑，年产量约 4 万吨（但由于资金未落实而未启动）；新建池窑拉丝项目已报项目建议书的有 4 座窑，设计规模约 4.5 万吨，其中大部分是新建，小部分是改扩建。

这种建设热情有助于在较短时间内使我国玻纤工业变大变强，但这种遍地开花甚至是一个地区同时上几个规模相同、水平相同的项目，很有可能导致发展过快、总量过剩、超越市场需求，从而造成无序竞争的严重后果。

二是港、澳、台商及外商看好我国内地市场。

港、澳、台商及外商看好我国内地市场广大、能源充足、资源丰富以及劳动力低廉的优势，近年来纷纷抢滩上海、昆山、广东等沿海地区，将一些窑炉工业以及劳动密集型的织造工业陆续转移到大陆来。

三是铂漏板球法拉丝工厂也在扩大生产能力，使球窑生产能力上升。

2000 年约有 20 座球窑恢复生产，有的地区还在进一步扩建球窑。

自 1999 年以来，球窑和球法拉丝（全称为铂漏板球法拉丝）工厂产销两旺，企业经营状况良好。1998 年停产的 20 座球窑已恢复生产（目前全国已有 45 座球窑年产约 30 万吨球），球法拉丝开台数也迅速增加，但销售价格下滑，企业经济效益较差。

以池窑拉丝为主体的大型玻纤企业集团正在迅速壮大，在国内外市场产品质量、价格竞争中，占有绝对的优势；加入 WTO 后，玻纤行业还要面临国外大型玻纤跨国集团公司产品的竞争，因此，球法拉丝企业必须正确定位，加快结构调整，优化升级，尽快适应市场要求，在竞争中实现自主发展。

第四节　群龙起舞

新世纪的舞台上，三大玻纤率先舞起红绸，挑起玻纤的长明灯，随之群龙起舞，激情唱响。他们或以"会当凌绝顶，一览众山小"的高度和视野，让人仰视；或以得天独厚的区位优势，技术国际领先尽展玻纤豪情；或历尽艰难，经受重重考验，如今快马加鞭，勇往直前；或凭借破釜沉舟的惊险一跳，成就了十年成长，展翅飞翔。

十年奋斗，多少磨难被征服，多少技术被攻关；十年发展，多少皱纹已舒展，多少企业换新颜；玻纤的长明灯已打开玻纤希望的明天，看群龙起舞，舞出春潮滚滚，催人奋进，舞出春色满园，生机勃勃。

"十五"规划设定了一个宏伟目标，即重点扶持、培育三到五个年产五万吨以上，在国际市场上具有一定竞争力的大公司和企业集团。"十五"期间，通过有关专家对我国已注册的 200 余家大中型玻纤企业的生产经营状况进行综合分析，山东泰山玻璃纤维股份有限公司、浙江桐乡巨石集团及重庆国际复合材料有限公司成为了我国玻纤工业三家具有较大生产规模和较强综合实力、主业突出并具国际竞争力的大公司和企业集团。他们走在前面，带动着整个玻纤行业走进春天。

一、桐乡巨石——众芳摇落独暄妍，占尽风情在玻园

巨石集团有限公司位于中国最活跃的"长三角经济圈"地理中心，以得天独厚的区位优

势，深得中国经济发展先机。经过近20年的发展，巨石已经成为世界知名的专注于玻璃纤维生产的企业。

巨石已建立了浙江桐乡、江西九江、四川成都三大生产基地，同时建立了中国香港、加拿大、南非、韩国、印度、意大利、新加坡、法国等多家控股子公司，拥有了全球营销网络。

（一）巨石规模逐年扩大

巨石集团在成都建成3万吨中碱池窑，已经投产，在桐乡建成6万吨无碱池窑，采用无氟玻璃成分和全氧燃烧技术，已经点火。巨石在2005年玻璃纤维产量突破20万吨，2010年前完成了桐乡30万吨玻璃纤维工业基地建设，完成九江10万吨和成都10万吨基地建设，达到年总产量90万吨的生产规模，力争跻身"世界三强"。

（二）坚持自主创新 节能减排

巨石集团一直把建设资源节约型、环境友好型社会放在战略高度，通过采用创新的方法，尝到了循环经济的甜头，被评为国家首批"资源节约型、环境友好型试点企业"。巨石集团的节能环保之路，展示了一个锐意进取的团队在不断创新中加快转变发展方式的宏伟历程（图6-8）。

作为绿色企业和清洁工厂，巨石人坚持"四不原则"：始终坚持不以污染环境为代价，不以员工安全、健康为代价，不以超越法规为代价，不以浪费资源、破坏生态为代价！

依靠自主创新，巨石集团成功在大型池窑上改重油燃烧为国际领先的纯氧燃烧、国际首创的通路纯氧燃烧，不仅提高了池窑的节能环保水平，还使玻璃窑炉的综合能耗节约60%

以上。在硬废丝处理方面，巨石集团首创了环保池窑技术，填补了玻纤废丝处理的国际空白，获得了国家发明专利，彻底解决了废丝环保处理的世界级难题。

图6-8 曲格平先生题词

在科技创新的推动下，巨石集团通过创新型循环经济方案有效处理"三废"。图6-9是巨石集团管道林立的废气治理系统。昔日无处堆放的玻纤废丝如今成为公司的生产原料；原来被排弃的窑炉余热，如今被有效回收利用自制蒸汽；蒸汽冷凝水回收使用；中水回用实现污水零排放等等。这些都显示出绿色企业和清洁工厂的价值所在与责任担当。

降低成本就意味着获取更高的效益，巨石集团靠瞄准先进工艺，淘汰落后产能，充分发挥国际最先进的大型池窑拉丝生产技术的优势产能，将生产成本降到国际最低水平。

图6-9 管道林立的废气治理系统

好多企业误以为环保就是限制企业发展的毒瘤，环保就意味着成本的增加。而巨石恰恰视环保为企业发展的阶梯，通过节能减排降低能耗、减少污染、废丝回用、中水回用、余热利用等来增加企业效益，不仅使生产成本降低，社会责任感增强，关键是形成了盈利增长方式的良性循环。

（三）瞄准市场　战略扩张

毫无疑问，巨石集团的快速发展，是建立在世界制造业产业分工、重新布局的大背景下，同时也建立在对国内外市场深入了解和准确把握的基础上，进行产品结构调整，确定新产品研发方向，实施生产规模战略扩张。

巨石集团在大力开拓国内市场的同时，还积极实施全球营销战略，始终坚持"规模扩张与市场开拓同步进行"的原则，在营销手段上大胆创新，不断改革。在向国际市场进军的过程中，他们充分借用国外经销商丰富的人力资源、文化资源和市场背景，走出了一条具有巨石特色的国际市场营销道路。2008年，巨石建成了60万吨玻纤基地（图6-10），实现了全球玻纤规模第一。图6-11是60万吨玻纤基地鸟瞰图，图6-12是建成的络纺车间，偌大的车间仅需要几个人进行监督，其余全靠智能化设备进行设置生产。

图6-10 巨石60万吨玻纤工业基地落成剪彩仪式

图6-11 巨石60万吨玻纤基地俯瞰图

图6-12 络纺车间

从1995年在美国设立第一个地区独家经销商开始，巨石已经先后在中国香港、加拿大、南非、韩国、印度、意大利、法国、西班牙、新加坡、日本和美国等10多个国家和地区成立了海外控股子公司，并在德国、英国等地设立了独家经销商，建立起了辐射全球的营销网。

经过多年的发展，巨石集团已经形成玻璃纤维增强型无捻粗纱、短切原丝、玻璃纤维连续毡、针织复合毡、乳剂型和粉剂型短切毡、方格布以及电子级玻纤纱和玻纤布等20多个大类近千个规格品种。产品销往全国近 30 个省市，并远销全球 70 多个国家和地区。

（四）产品升级进军新领域

近年来，巨石集团对产品结构也进行了重要调整，产品研发的主攻方向为研究开发适用于风力发电、环保设施、交通运输、航空航天、电子信息等多种领域的新产品，这些产品都具有节能环保的特点，每年新产品销售收入占总销售收入比重持续上升。

2009 年、2010 年巨石相继向市场推介 E6 高性能玻璃纤维、ViPro 高强度高模量玻璃纤维等新产品，这些产品不仅仅比一般的 E 玻璃纤维性能更优越，运用领域更加广泛，还可运用于风能设施、汽车工业、高档游艇、高压管道、电力行业等高端环保产业。它们因此成为巨石集团应对经济危机和加快转型升级的拳头产品，也成为巨石不断优化产品结构工作中的最大亮点，如图 6-13 所示。

图 6-13　巨石集团展厅

长期的技术积累和自主知识产权体系的建立，使巨石集团有能力进行产品结构的不断升级和向新能源、新材料应用领域的重点转型。而全球营销网络的建设则更进一步促进了产品结构的优化，也使企业从单纯注重生产、技术的提高、管理的完善，转变到更加注重全球市场的变化和对产品需求的变化方面上来，使企业真正融入全球一体化。

二、泰山——会当凌绝顶，一览众山小

自 1997 年，泰山玻纤打破国外技术严密封锁建成国内首条万吨级池窑拉丝生产线以来，泰山玻纤始终以"保持国内领先，创世界知名品牌"为宗旨，迅速发展壮大，先后建成了 12 条万吨级大型池窑拉丝生产线，总产能突破 40 万吨，居国内前三，世界前五强。

（一）泰山玻纤发展速度势如破竹

2001 年 3 月 9 日，泰山玻纤举行了第二条生产线点火仪式，如图 6-14 所示。2001 年 7 月 13 日，泰安泰山复合材料厂实施债转股，公司更名为泰安泰山复合材料有限公司。同年 12 月 19 日，泰山玻纤举行股份公司揭牌及第三条生产线点火仪式，如图 6-15 所示。

图 6-14　泰山玻纤举行第二条生产线点火仪式

图 6-15　泰山玻纤举行第三条生产线点火仪式

2002 年 7 月 29 日，泰山玻纤举行第四条生产线点火仪式，如图 6-16 所示。2004 年 12 月 26 日，泰山玻纤举行第五条生产线点火仪式，该条生产线已达到两万吨，如图 6-17 所示。

图 6-16　泰山玻纤举行第四条生产线点火仪式

图 6-17　泰山玻纤举行第五条生产线点火仪式

2005 年和 2007 年，泰山玻纤又建成了两条生产线，如图 6-18 第六条生产线点火仪式和图 6-19　6 万吨池窑拉丝生产线奠基仪式所示。

图 6-18　第六条生产线点火仪式 2005 年 6 月 26 日

图 6-19　6 万吨池窑拉丝生产线奠基仪式 2007 年 1 月 18 日

（二）泰山产品品种全、规格多

泰山的产品品种多，种类全，主导产品为无碱玻璃纤维无捻粗纱、毡、布、短切纤维、多轴向织物、电子纱及织物、耐碱纤维共七大类 59 个品种 1300 多种规格，广泛应用于建筑、交通运输、电子电器、航空航天等国民经济各个领域。其中无碱玻璃纤维无捻粗纱、短切原丝毡荣获"中国名牌产品"称号、"高 TEX 数无捻粗纱的研制"获得国家科技进步二等奖、"CTG"荣获"中国驰名商标"等称号，其他荣誉如图 6-20 所示。

图 6-20　泰山玻纤所获荣誉

（三）泰山实力雄厚

泰山玻纤管理科学规范，在我国玻纤行业率先同时通过国际质量、环境、职业健康安全管理体系三体系认证，并通过了中国船舶检验局、挪威船级社及英国劳氏船级社的产品型式认可、韩国 KS 认证、出口商品免验认证、美国 FDA 认证、德国 GL 认证、AAAA 级企业标准化良好行为认证。数不清的荣誉就是对泰山产品的肯定和支持，一次次认证是泰山对自己产品的保证。

泰山玻纤技术研发、技术创新能力国内领先。公司拥有行业唯一的国家级企业技术中心、行业内首家博士后科研工作站（图6-21）、"泰山学者"岗位等研发平台。近年来，自主研发省级以上新技术、新产品 400 余项，其中国家 863 计划 3 项、国家科技支撑计划 1 项。17 项产品被列为国家重点新产品，拥有 70 余项专利技术。

图 6-21　行业内首家"博士后科研工作站"

泰山，凝聚着"会当凌绝顶"的攀登意志，"一览众山小"的高度视野，"重如泰山"的价值取向，"不让土壤"的博大胸怀，"捧日擎天"的光明追求和"国泰民安"的美好寄托。秉持着这些美好的追求与寄托，泰山玻纤昂首阔步走在玻纤工业的前沿。

三、重庆国际复合——倾力发展，铸就中国玻纤行业神话

2008 年 1 月 12 日，一项投资金额超过 9 亿元、年产 3.6 万吨的连续玻璃纤维生产线电子级全细纱窑炉在重庆市长寿区晏家工业园建成点火。该生产线年产值可达 6 亿余元人民币。而这一项目的投资者正是全国三大玻纤生产巨头之一——重庆国际复合材料有限公司。人们关注这条新闻的同时，也开始更多地关注起这个企业及其背后的故事。是什么力量让重庆国际复合材料有限公司能在风起云涌的市场中独领风骚，成为一个全国乃至世界知名的玻纤生产企业，创造出行业的神话？

（一）八年沉淀的"蝶变"之旅

重庆国际复合材料有限公司（CPIC）的历史最早可以追溯到 20 世纪 70 年代，它的前身是重庆市玻璃纤维厂，是中国无碱玻纤直接法（池窑）生产工艺的发祥地。1985 年，重庆市玻璃纤维厂从日本全套引进了中国第一条无碱玻纤生产线（1800 吨／年），并于 1986 年建成投产。1991 年，由重庆市玻璃纤维厂与美方共同投资组建的中外合资企业——重庆国际复合材料有限公司成立。自此，这个在今日成为业界翘楚的企业开始踏上了发展的漫漫征途。在公司日新月异发展的今天，已经很少有人注意到，从 1991 年到 1999 年，CPIC 也曾经历过一段负重前行、艰难跋涉的岁月。

成立之初的 CPIC 由于基础差、底子薄，无论从管理还是技术上来看，都处于摸索前行的阶段。但是，面对世界玻纤行业整合重组的新格局，CPIC 的领导们凭借敏锐的市场洞察力，准确地把握住了时代脉搏，并抓住了历史赋予的契机。自 1991 年起，公司便倾注全力开始尝试自行设计池窑玻璃纤维生产线，研制玻璃纤维浸润剂等产品。1996 年 3 月，由 CPIC 自己设计的第一条 3000 吨／年无碱玻璃池窑拉丝生产线建成投产，开创了在无碱池窑上用国产致密锆英石砖、国产电熔烧结莫来石砖和烟气余热利用的先例，奠定了重庆国际复合材料有限公司在中国玻纤行业的技术领先地位。面对企业开创的新局面，怎样才能把公司

做大做强成为公司领导班子面临的一道难题。

机会总是垂青于有准备的人，企业的发展也不例外。公司优秀的人才队伍、领先的技术优势吸引了云南云天化股份有限公司（以下简称云天化）等国内外大型企业的目光。1999年7月，云天化受让了原控股股东重庆市玻璃纤维厂的股权，成为CPIC最大的控股股东。云天化的到来，无疑为公司下一轮的发展掀开了新的一页。从此，CPIC驶入了连续八年高速发展的快车道。

（二）蓄势腾飞的"破茧"之行

"忆往昔，峥嵘岁月稠；看今朝，江山更妖娆。"步履铿锵地走过第一个八年，重庆国际复合材料有限公司迎来了突飞猛进的第二个八年，企业规模扩大了、产能提高了、公司员工也由最初的70余人发展到近5000人。公司从1999年到2007年进入了第二个飞速发展的八年，开始迎来"蝶变"后的"破茧"前行。

开建新厂，扩大产能。2000年下半年，公司在重庆大渡口区征地600余亩，兴建大型现代化玻纤工业园，使CPIC一跃成为全国三大玻纤生产基地之一。2002年，CPIC第一条年产2万吨（F01线）的生产线建成投产，成为当时全国最大的玻纤生产线。随后的几年，CPIC一鼓作气，在大渡口基地连续新建了4条生产线，各线设计产能也逐条攀升，从3万吨／年（F02线）、4万吨／年（F03线）到5万吨／年（F04线）、7万吨／年（F06线）。其中，由CPIC自主研发设计的4万吨生产线F03线，是中国第一条ECR（无碱、无氟、无硼）玻纤生产线，同时也是全球最大的ECR生产线，填补了国内ECR玻璃纤维生产的空白。

在规模效应发展战略的指导下，面对企业势如破竹的发展形势，大渡口基地已经不能满足CPIC进一步的发展需求。2004年，CPIC又在重庆市长寿区晏家工业园区开辟了1600亩的玻纤新生产基地。2006年2月，长寿基地首条3.6万吨玻璃纤维生产线顺利建成投产，以生产热塑型短切纱和电子级细纱为主。2008年1月12日，又一条3.6万吨全电子级细纱玻纤生产线在长寿基地建成投产，标志着CPIC年产能已突破30万吨。据介绍，公司今年还将相继建成F08线、F09线、F10线。到2009年上半年，CPIC形成50万吨的年产能。在公司大好发展形势的推动下，智慧、勇敢的CPIC人正以发展的眼光，将投资战略延伸到海外市场。为建立海外玻纤生产基地，CPIC相关的筹备工作紧锣密鼓地进行着。

吸纳春阳，多方融资。高歌猛进、势不可当的企业发展趋势吸引了越来越多的投资者。2000年底，全球最大的玻璃钢管道生产企业——沙特阿曼提公司投资参股CPIC，成为CPIC的最大客户和战略合作者。随着公司对资金需求的进一步加大，CPIC又启动了境外私募融资计划。2006年，国际私募基金巨头美国凯雷投资集团抢先加盟CPIC，对CPIC增资9000万美元。与此同时，云天化则再次增加投入6000万美元。此次融资使公司的后续发展有了强劲的资金保障，而凯雷投资集团的加盟则进一步提升了CPIC的国际形象，巩固了CPIC在国际市场上的竞争地位。

优化管理，勇于创新。管理是企业改革的重头戏，创新是企业发展的原动力，两者共同推动企业稳步前进。经过多年的磨砺与积淀，公司已打造出一支拥有高超管理技术水平的核心领导团队。他们高屋建瓴，运筹帷幄，运用独到的管理理念，带领着公司乘风破浪，与时俱进。

创新是企业核心竞争力的体现。CPIC拥

有一支兼创新精神与实践能力为一体的研发团队。他们刻苦钻研，常年致力于新产品的研究与开发。在他们的努力下，CPIC 的产品研发已取得累累硕果：ECR 环保高性能无氟无硼无碱玻璃纤维被国家科技部授予"国家重点新产品"称号；高性能工程塑料用玻璃纤维短切纱被国家科技部列为"科技兴贸行动"专项项目；G75 高性能多用途玻璃纤维细纱、CS303 高性能增强热塑性聚酯树脂用玻璃短切纱、ECS306 高性能增强热塑性聚苯醚树脂用玻璃纤维短切纱、ECS301 高性能增强热塑性尼龙用玻璃纤维短切纱均被授予"重庆市高新技术"产品称号等等。2007 年，在重庆市科学技术委员会的指导下，以 CPIC 为主体申报的国家科技支撑计划项目《超细电子级玻璃纤维及织物关键技术开发及产业化》已获得国家科学技术部的正式批准。借此平台，公司将加大超细电子级细纱、工业用细纱和玻纤细纱织物的科技攻关和新产品开发，并把 CPIC 长寿园区建设成中国优质电子级玻纤细纱和电子级玻纤布的生产基地之一。

质量为先，完善服务。对于企业而言，产品质量犹如它的生命，售后服务则是延续生命的法宝。CPIC 秉承"生产品质稳定的玻璃纤维及浸润剂，并不断满足顾客需求"的质量方针，坚持以优异的品质推动产品销售，按客户的需求改进产品质量。为加强质量监控，CPIC 运用一流的检测设备，按照国际化的要求将产品质量和过程控制纳入一个完整的体系，使产品从原料到成品各个环节都受到了严格的监控。目前，CPIC 已顺利通过了 ISO9001、ISO14001 和 OHSAS18001 管理体系认证，部分产品还通过了英国劳埃氏、美国 FDA 等机构的严格认证。经过多年的不懈努力，CPIC 的生产工艺水平和产品质量已接近

国际先进水准，产品赢得了国内外客户的一致好评，其中无捻粗纱荣获"中国名牌产品"的称号，新产品多轴向织物获得国内外多个公司认可。CPIC 的产品已逐步进入了汽车、航空、风力发电等高端市场，并与多家世界 500 强企业建立了长期稳定的战略合作关系。

面对激烈的市场竞争，CPIC 坚持在稳固和发展国内市场的同时，努力开拓国际市场，不断扩大产品的销售范围。公司采取积极主动的营销策略，每年由公司领导亲自率团前赴美洲、欧洲、中东、东南亚等地区参加 ACMA 和 JEC 等国际复合材料展览，拜访国内外客户，了解国际市场最新动态，从而不断改进营销策略来适应瞬息万变的市场。在此策略的指导下，公司产品年产销量从 1996 年的 1000 多吨增长到 2007 年的 24 万吨，销售收入从 1996 年的 1400 多万元增长到 2007 年的 18.97 亿元，实现利润总额从 1996 年的 300 多万元增长到 2007 年的 3.92 亿元。

质量为先，主动出击的同时，CPIC 不断完善配套的售后服务系统，提高服务质量。公司重视客户反馈信息，加强与客户的信息交流，建立了完善的客户信息收集和管理体系，从按时发货、物流跟踪、技术服务、信息交流、新产品研发等方面给客户带来了更多增值服务。正是在"争创卓越品质，打造一流服务"的营销理念的带动下，各方客户纷至沓来，产品供不应求。

（三）引领潮头的未来之路

从 1991 年起，尤其是 1999 年后的 CPIC，一路走来一路歌。随着公司的迅速发展壮大，企业经济效益节节攀升，近年来企业的荣誉像雪片一样飞来，连年被评为"重庆市十佳外商投资企业""重庆工业企业 50 强""重

庆企业百强"和"重庆市出口创汇企业15强"等。朝着目标前进、埋头苦干的CPIC人深知，公司的高速发展离不开重庆市委、市政府及海关等相关部门的关怀与帮助，也离不开企业始终坚持质量第一、技术创新、与时俱进，不断调整产品结构，适应市场需要的优质管理理念。

关企合作，优化管理。据统计，2007年，公司完成销售收入18.97亿元，较2006年增长50.67%，进出口贸易总额超过3.77亿美元，实现利润总额3.92亿元，较2006年增长59.1%。到2008年初，公司注册资本达到1.938亿美元，资产总额已达51.8亿元。近年来，公司每年都有1～2个新项目投产，产能从2002年的3.3万吨达到目前的30万吨，产品出口比例一直保持在70%左右。虽然CPIC进出口的产品、设备及原材料较多，但是无论进口还是出口，重庆海关都给予了大力支持，保证了公司新项目的顺利投产及出口产品的及时出运。在与海关多年合作中，建立起了"遵纪守法、诚实守信"的信誉基础，重庆海关针对公司的生产工艺流程特点，采取了一些实质性举措，如进料加工首次改用了大合同，解决了CPIC原来手册多、手续复杂、管理难的问题。特别是由海关委任客户协调员，以经常性联系或参与企业管理的方式，引导企业在日常活动中守法经营和规范管理，协调海关有关部门解决企业在办理海关各项业务和通关活动中的疑难问题，对企业实行专门化服务和个性化管理的海关监管制度，这种把关与服务职能并举的做法赢得了企业的广泛赞誉。

与此同时，重庆海关认真落实"5 + 2"通关工作制、24小时全天候预约通关等一系列便捷服务措施。开通"通关110"，切实帮助企业解决在通关环节中存在的困难，主动为企业提供优质、高效、便捷的通关服务，促进重庆现代物流的发展。CPIC有关负责人认为，新时期与海关建立战略合作伙伴关系，一方面有利于海关人员的工作，另一方面也让企业得到了更多的实惠。

21世纪是新材料的世纪。玻璃纤维作为一种性能优异的新兴材料，广泛应用于建材、交通运输、电子信息、航空航天及风力发电等高新科技产业，具有广阔的发展前景。当前的中国已经成为世界玻纤巨头集中的角斗场，为了抓住机遇，CPIC制订了新的发展规划：利用目前有利的条件继续扩大生产能力，同时适度延伸产业链，形成更为合理的产品结构，全面提升企业的核心竞争力。

雄关漫道真如铁，而今迈步从头越。站在历史新起点，倾力发展、锐意进取的CPIC人怀揣跨入世界玻纤生产行列前三强的理想，开始奔上新一轮跨越发展、引领潮头的发展之路。

第五节 百花齐放 百家争鸣

我国玻璃纤维工业自20世纪50年代末期诞生，60年代初期建立完整的工业体系以来，经历了从无到有、从小到大、从坩埚拉丝到池窑拉丝的坎坷发展历程。我国已经实现了有中国特色的自主知识产权的池窑拉丝成套技术与装备国产化的总体目标，打破了国外对池窑拉丝成套技术和主要装备的垄断局面，为实现我国玻璃纤维生产技术升级换代及高质量玻璃纤维制品国产化，走出了一条低投入、高产出的新路，有力地推动了以池窑拉丝技术为代表的玻璃纤维行业科技进步，对我国玻璃纤维产业结构的优化升级，起了示范和带动作用。同时，也为我国玻璃纤维工业彻底摆脱落后状态，跨入世界玻璃纤维技术强国之列，作出了突出的贡献。

一花独放不是春，除了走在行业前面的三大巨头，整个行业呈现出百花齐放，百家争鸣的大好局面。

一、励精图治　跨越发展

四川玻纤厂筹建于1968年，1970年建成投产，至今已发展了四十多年。四十年的峥嵘岁月，恍若弹指一挥间。当初三线建设的艰苦创业，技术创新的刻苦攻关，持续发展的励精图治，管理创新的不断追求，金融危机的大考验，震后重建的艰难，都铸成了今日四川玻纤厂的繁荣兴旺、四海名扬。四川玻纤人经受住了重重考验，现如今是自信满满，快马加鞭，正朝着光明之路迈进。

到2007年，四川玻纤厂已经拥有实业开发公司、罗江分厂、复材分厂、天弋公司、天龙公司、天府公司、天泉公司7个分公司。2008年6月13日，四川省德阳市工商行政管理局批准"四川玻纤有限责任公司"正式更名为"四川省玻纤集团有限公司"，迈上集团化发展快车道。

发展是硬道理，做大做强是四川玻纤人共同的心声。自四川玻纤建成投产以来，几代干部员工团结拼搏、务实开拓、秉承上海企业精细、严谨的工作作风，实现了生产规模成几何级数扩张。

20世纪80年代，企业先后成立劳动服务公司、罗江分厂、复合材料厂、御营分厂。20世纪90年代，企业先后建成拉丝车间新机组、南面机组（图6-22南面机组一角）、退并二车间、退并三车间，与台商合资成立四川鸿润电子材料有限公司。进入21世纪以来，企业先后建立天弋（图6-23）、天龙（图6-24）、天府（图6-25）、天泉（图6-26）4个子公司和新一、新二两个1270布生产车间。

图6-22　拉丝南面机组

图6-23　天弋公司

图6-24　天龙科技公司

图6-25　德阳天府

图 6-26　天泉公司前准备生产区

目前企业下辖 7 个子公司，5 个生产车间，3 个辅助车间，拥有资产总额 6.01 亿元，占地面积 700 余亩，现有职工 3000 余人，专业技术人员 400 余人，年工业总产值 3.6 亿元，年销售收入 4.5 亿元。现已形成年产 3 ～ 9 μm 玻璃纤维 12000 余吨，玻璃纤维布 1 亿米、光学玻璃 2000 余吨，覆铜板 300 余吨的生产能力，从而奠定了企业在中国玻纤行业的重要地位。公司今日风采如图 6-27 ～图 6-30 所示。

图 6-27　20 世纪 90 年代大门全景

图 6-28　21 世纪初大门全景

图 6-29　公司新办公大楼

图 6-30　现公司大门全景

同样在四川，四川威玻股份有限公司成立于 1996 年 9 月，展开历史的画卷，威玻征程坎坷，饱经风雨。当新世纪的第一道曙光划破苍穹照亮岌岌可危的威玻之时，新一届经营班子临危受命，肩负起威玻发展的重任。威玻员工在领导班子的带领下，精诚团结，众志成城，经过 50 天的鏖战，独创的马蹄焰池窑拉丝工程如期竣工点火。中国知识产权局授予"马蹄焰熔制控制装置"创新专利技术。

有什么样的开始就有什么样的延续。凭借"惊险一跳"的成功，威玻继续创新科技，迅速投入年产池窑玻纤纱 7500 吨的二期工程。经过 70 天的倒计时攻坚战，2004 年国庆前夕顺利投产。

随后的三期万吨池窑拉丝工程，仅用 150 天就建成投产，创下了行业中同等规模建设的新纪录，被列为 2005 年省、市重点工程。投入 1.4 亿元年产 3 万吨的四期工程，仅苦战

6个月就竣工点火。该生产线实现了单元窑技术的运用。至此，威玻成为了世界上第一家既有马蹄窑又有单元窑技术生产玻纤的规模化工厂。

2008年4月26日，承载着威玻人智慧和心血的五期池窑拉丝工程（图6-31）投产。这项年产无碱玻纤3万吨的先进技术，缩短了威玻与国际先进水平的差距，其技术装备和产品档次都实现了质的飞跃。

图6-31　威玻五期池窑生产线远眺

2011年8月1日，备受关注的年产5万吨六期池窑工程（图6-32）竣工点火，威玻的无碱池窑玻纤年产能提高到12万吨，标志着威玻在池窑玻纤的产能结构和技术装备等方面都迈上了一个新的台阶。

图6-32　威玻六期池窑生产线外景

回顾威玻发展的历史，让人倍受鼓舞。2004年，成都、威远工厂年产印刷电路板用玻璃纤维布达5000万平米；2007年，两条短切毡生产线相继投产，年产短切毡20000吨；

2009年4月，第二条超大口径玻璃钢缠绕管道扩能工程竣工，年产玻璃钢制品能力提高到10000吨；2009年10月，集方格布、多轴向织物、缝编毡、复合毡等为一体的玻纤织物工厂投产，年产玻纤深加工制品10000吨。威玻玻纤复合材料产品如图6-33所示。

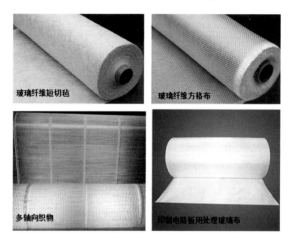

图6-33　玻纤复合材料产品

2010年8月，集拉挤型材、透明瓦、膜塑格栅、塑料改性母粒为一体的复材生产线投产，威玻深加工体系进一步完善。2011年2月，SMC模压生产线在成都华天复合材料有限公司建成，生产水、电、气等各类SMC表箱及各种模压制品。如图6-34所示。

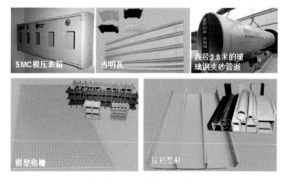

图6-34　玻纤织物

威玻的产品种类多，品种全。光玻纤纱的规格就有数十种，如图6-35所示。

图 6-35 玻纤纱产品

多年来，威玻的产品得到了业内人士的广泛认可，获得的无数荣誉就是对威玻产品的肯定，"先进企业""知名品牌""示范项目""创新培育企业"，一次次的认可，更激发了威玻人的工作热情（图 6-36）。

图 6-36 威玻所获部分荣誉

威玻积极采取措施实施节能减排，促进环境保护，推动企业可持续发展。从 2004 年开始，威玻分别对各球窑窑炉采取了保温节能措施，并在每条池窑生产线建立之时，对窑炉进行保温处理，包括砌筑质量稳定的保温砖和涂上保温材料，经过保温处理后可以节约天然气 15%。

在新建的四、五、六期池窑拉丝生产线中，投入 400 多万元建立废气处理系统，利用大炉燃烧后的废气热量，通过管道排到余热锅炉，再产生蒸汽，每月可节约天然气 10 多万方，并提高了产品的质量。在污水的排放和回收利用方面，威玻近年来先后投资近 2000 万元修建了五个污水处理厂，对池窑拉丝生产中产生的废水进行综合治理，全部回收利用，尽量减少工业废水的排放。

伴随着我国玻璃纤维行业的共同进步、共同提高，河北金牛能源股份有限公司玻璃纤维分公司实现了超常规扩张、跨越式发展。河北金牛能源二期工程——年产 3 万吨无碱玻璃纤维池窑拉丝生产线顺利点火，它的投产，使该公司原丝年生产能力达到 4.5 万吨，标志着公司产业结构调整迈出了坚实一步。

河北金牛能源玻璃纤维分公司位于河北省邢台市，一期工程于 2003 年 10 月 26 日正式投产。公司在发展中始终坚持"质量为本，诚信是金"的管理理念，遵循"以人品筑品牌，以品牌创市场，以市场求发展"的经营思路，用一流的产品、一流的服务进入市场，回报顾客。公司顺利通过了 ISO9001、ISO14001、GB/T 28001 综合管理体系认证。在较短的时间内得到了广大用户和同行的认可，并在竞争激烈的玻纤领域中占据了一席之地。其产品主要有：缠绕纱、拉挤纱、SMC 纱、喷射纱、无捻粗纱布、短切原丝毡等品种。

罗织精彩，追求无边。南康市罗边玻纤有限公司（以下简称罗边玻纤）成立于 2001 年；2002 年拉丝车间建成投产；2003 年成为赣南首家生产外墙保温玻纤网格布的企业；2004 年建立出口外贸企业合作关系，产品顺利打入国际市场；2005 年申请注册"罗边"牌注册商标；2006 年实现技术升级，完成织布机更新换代；2007 年通过 ISO9000-2000 质量管理体系认证，成为南康市首家实现出口创汇的企业；2008 年龙岭区环保基材事业部建设工程竣工，环保网格布规模达到 5000 万平方米；

2009年参与欧盟反倾销应诉，与南京玻璃纤维研究院、南京林业大学形成技术合作伙伴关系；2010年完成企业VI形象设计，强化企业文化和品牌建设，与中国玻纤、中材科技等上市公司形成战略合作伙伴关系。

看似一帆风顺的发展时间表和大事记，背后却写满了罗边人的辛酸和坚韧。从2002年6月生产中碱无捻粗纱的15台代铂拉丝炉生产线竣工，到今天成长为一家拥有1.2亿资产、106台400孔铂金拉丝炉、220台剑杆织布机以及100台喷气织布机的企业，罗边玻纤一路走来筚路蓝缕。

从刚投产时质量不过关，产品无销路，到2004年第一任总经理辞职离开，再到2008年金融危机，罗边人都坚定地走了过来，他们提出"团结、拼搏、坚持、提高、发展"的行动口号，相信"没有倒闭的行业，只有倒闭的企业"，在团队的力量下，罗边玻纤每次都能转危为机，不断向前迈进。

罗边玻纤在十年稳健经营积累的基础上，顺应市场需求，延伸产业链，乘势而上，于2011年成立了电子基材事业部，该电子布生产项目的建成投产，推动罗边玻纤在"十二五"期间快速实现新的跨越，再上新的台阶。该项目投资2.1亿元（其中固定资产投资1.2亿元），新上200台织布机及相应的配套设备，第一期100台织机已在2011年10月18日投产，2012年实现全面投产，形成年产玻纤电子布近5000万米的生产规模。罗边先进的织布车间如图6-37所示。

如今公司已拥有环保基材、玻纤纱、电子基材三个事业部，占地8.2万平方米，在职员工600余人，年产中碱玻纤纱1.6万吨。公司以优秀的团队、严谨的管理、先进的设备在赣

南玻纤行业处领先地位，成为业内知名企业。罗边玻纤先后被南康市政府、赣州市国家税务局、赣州市地方税务局、赣州市政府评为"十大诚信企业""B级纳税信用企业""金融信用企业"等，2010年第六届中国（上海）国际建筑节能及新型建材展览会、第二十一届中国（上海）国际建材及室内装饰展览会为罗边玻纤颁发了"2010世博年荣誉参展奖"。公司始终坚持以"为广大员工搭建施展才华和创业的平台，为客户提供优质的产品和服务，使投资人获得满意的回报，为社会作出应有的贡献"的经营理念和"有容互为·智信乃成"的企业文化来提升企业的核心竞争力，使企业在发展中树立起良好的社会形象。

图6-37 南康罗边先进的织布车间

八百里秦川，物华天宝，人杰地灵。这里有着悠久而深厚的历史文化遗产和深具魅力的秦风秦韵，改革春风使这片土地更加充满生机与活力。在巍巍秦岭之北、滔滔渭水之阳，坐落着一座著名的玻纤企业，她就是在国内特种玻纤领域占据独特地位，被中国玻璃纤维工业协会命名为"中国特种玻纤生产基地"的陕西华特玻纤材料集团有限公司（图6-38）。

图 6-38　华特玻纤材料集团有限公司

华特集团公司是陕西省国资委监管的国有大型玻纤骨干企业,从事专业玻纤研发、生产四十余年,是西北地区规模最大、生产品种最多、在行业内具有一定影响的知名企业。集团下辖陕西华特新材料股份有限公司、陕西海特克复合材料有限公司,拥有耐高温、耐碱、湿法毡、工业技术织物、玻璃钢复合材料、贵金属加工等多条专业化生产线,具有年产玻纤纱 8000 吨、玻纤布 2500 万米、湿法毡 5000 万平方米、玻璃钢 2000 吨的生产能力。其白云牌商标获陕西省著名商标,产品获陕西省名牌产品称号,产品广泛应用于航天航空、电子通信、风电、交通运输、冶金铸造、建筑建材、体育器材等领域。

图 6-39　贾韵梅厂长

近些年来,企业抓住国内玻纤行业快速发展的良好机遇,大力推进项目带动发展战略,抓好扩能项目建设和储备项目预研;加快技术工艺创新步伐,不断开发、试制新产品,提升产品性能和品质,提升企业自主创新能力和核心竞争力;结合市场需求和企业发展需要,不断调整产品结构和生产布局,追求资源配置最优化和企业利润最大化;强化企业管理,推进内部改革,使企业朝着科学化、规范化、制度化方向迈进,提高运营质量和效益。

多年来,企业先后荣获陕西省先进集体、全国建材行业先进集体、陕西省企业管理示范单位、全国重合同守信用企业、陕西省先进基层党组织、陕西省高新技术企业等荣誉,并在航天、航空研究应用领域配套中作出重要贡献,多次受到国防科工委、中国航天工业总公司、中国空间技术研究院的表彰(图 6-40)。

图 6-40　所获荣誉

江西长江玻璃纤维有限公司是兵器装备集团公司国营第五七二七厂控股、杭州新生电子材料有限公司和上海南亚覆铜箔板有限公司合资组建而成的。通过公司改革,建立现代企业制度并实行技术改造,实现产业全面升级,长江玻纤克服了全球经济危机造成的影响,取得了社会效益和经济效益的双丰收。

2004 年 7 月，由兵器装备集团公司国营第五七二七厂控股、杭州新生电子材料有限公司和上海南亚覆铜箔板有限公司合资组建了长江玻璃纤维有限公司。股份制改革，优势互补和强强联合给企业带来了新的活力，使企业的发展进入了快车道。公司确立了"回报社会、回报股东、回报员工"的新企业宗旨，发扬"严字当头、争创一流"的企业精神，把持续高效地为客户提供满意的产品与服务，作为企业应对市场竞争的第一要务。观念的转变，带来了企业的变化，厂区面貌焕然一新，工人劳动生产环境得到了极大的改善，进一步吸引了人才。以市场为导向的经营模式使企业能够在瞬息万变的国内国际市场中把握方向，从容应对。正是在企业改制的前提下和国家鼓励传统产业升级改造的大背景下，长江玻纤整合内外资源，加快技术改造步伐，实现了规模效应。

二、创新驱动　塑造品牌

成都石原玻纤有限公司于 2010 年 2 月成为美国 AGY 公司指定玻璃球供应商。这是石原玻纤继为全球排名第二位的玻璃制造厂商日本板销子供货以来，再次与世界顶级企业携手，为其提供质量优异的低砷玻璃纤维原料球。

AGY 公司作为全球领先的玻璃纤维和高强玻璃纤维强化复合产品制造商，对供应商的选择极为严格，历时 3 年时间对石原玻纤进行反复考察，以价格高昂的航空运输方式将石原的产品一次次送达美国进行验证确认，最终确定石原玻纤每年为其提供 1.5 万吨的玻璃球产品。石原玻纤生产车间及成品如图 6-41 和图 6-42 所示。

图 6-41　生产车间一角

图 6-42　仓库中整装待发的成品

石原玻纤缘何在同类产品中一枝独秀，屡屡受到国际知名大公司的青睐？"注重与行业高端对标，在理念、技术和管理的创新上明确新定位，寻求新突破，踏上符合自身实际的科学发展之路。"石原玻纤董事长余大贵（图 6-43）如是说。

图 6-43　成都石原玻纤董事长余大贵

研发新技术，以高科技含量提升企业实力，公司始终坚持"质量是企业的生存之本"，不断研制产品新配方、改进工艺技术以满足市场需求，技术出身的余董说起技改创新不禁侃侃而谈，他精纯的专业知识和对工艺及原材料配方的了然于心，多次在谈判桌上让外方从瞠目到佩服，也体现了石原玻纤的强大实力。然而石原玻纤并未满足于现状，继续在能源、原料方面探索，提高产品品质，进行窑炉改造降低能耗，坚持以玻纤行业"十二五"规划中的"发展无砷、无硼、无碱玻璃球"为指导方向，让企业在自主创新中不断地完善壮大。

"故乡三千里，辽水复悠悠"。在奔腾不息的辽河岸边，在依山傍海、风光秀丽的营口高新技术产业开发区内，屹立着一座现代化的专业生产环保过滤材料的国家重点企业——美龙环保滤材科技（营口）有限公司。

美龙科技是由营口玻璃纤维有限公司、营口特氟美滤材科技有限公司与美国 LEE'S Thermal Egineering & Technologies Inc.(LTET)（美国加州利宝热能技术工程有限公司）三个公司于 2006 年合资建立的。公司的主要技术管理、人才、市场及无形资产延续于营口玻璃纤维有限公司，占地面积 9.3 万平方米，年销售收入近亿元，实现原材料自产，形成拉丝、纺纱、织布、针刺、覆膜、化学处理、加工一条龙生产。年产量达 300 万平方米，可提供玻纤滤料、化纤滤料、复合滤料及覆膜滤料四大类滤材，五十多个品种，上百个规格的产品，并具有一支懂技术、懂管理的高科技人才队伍。公司作为辽宁省知名的玻璃纤维企业，主打产品的综合竞争实力在同行业中名列前茅，其首产产品玻璃纤维高温过滤袋获国家科学大会奖，多功能复合过滤毡获国家发明专利，并获国家级火炬计划项目证书。2004 年又推出"净化工业烟气的复合针刺毡（Ⅱ型氟美斯）"新的发明专利产品。作为现代化滤材的领军人物，美龙环保滤材科技有限公司的董事长胡长顺，以其坚毅的性格、决断的魄力，坚持以自主科技创新为企业生存理念，走出了一条民营企业蓬勃壮大的发展之路，将美龙科技带上了又好又快的良性发展轨道。

风雨兼程三十载，春华秋实谱华章。

追溯美龙环保滤材科技（营口）有限公司的发展史，我们不难看到，他们将坚持技术进步，注重新产品的应用和开发作为企业的生存之本，在创新中前进，在拼搏中追求。30 余年风雨兼程，以顽强进取的创业精神，以领跑者的姿态，打造出国内品种最全、装备一流、技术先进的现代化滤材生产基地。

1973 年，作为美龙科技前身的营口市玻璃纤维二厂成立，拉开了我国高温过滤材料生产的序幕。1974 年，完成了生产净化高炉煤气用玻璃纤维机织布过滤材料的鉴定和投产。

1978 年，完成了玻璃纤维膨体过滤材料的鉴定和投产。

1986年，完成了玻璃纤维针刺毡过滤材料的鉴定和投产，并获全国科技大会奖，国家级新产品奖，国家级火炬项目奖，辽宁省科技进步二等奖及省优秀新产品的金牌奖。

1998年，营口市玻璃纤维二厂改制为营口玻璃纤维有限公司。同年，推出第一个发明专利"多功能玻璃纤维复合针刺毡及其制造方法"，专利号：ZL98114419.5，注册商标"氟美斯"，并顺利完成了该专利技术的鉴定和投产，如图6-44所示。

2001年，推出第二个发明专利"净化工业烟气的复合针刺毡及其制造方法"，专利号：ZL011241209，注册商标"特氟美"，稍后完成了该专利技术的鉴定和投产，如图6-45所示。该技术的发明和使用打破了以往玻璃纤维和化学纤维的界限，形成了玻璃纤维和化学纤维等多种纤维的有机结合，集两种纤维的优势于一体，提高产品的适用性，大幅度降低了成本，符合中国的国情。很快就广泛地被国内钢铁、冶炼、燃煤锅炉、垃圾焚烧、铁合金、电石炉、炭黑、水泥等行业所认可和接受，成为国内外环保工程的首选产品。

2005年，营口玻璃纤维有限公司扩建，在营口市高新技术产业开发区新建了营口特氟美滤材科技有限公司。

2006年，营口玻璃纤维有限公司、营口特氟美滤材科技有限公司与美国LEE'S Thermal Egineering & Technologies Inc.(LTET)（美国加州利宝热能技术工程有限公司）合资组建了中美合资企业美龙环保滤材科技(营口)有限公司。美龙科技的成立，不仅仅为国内外大型环保项目工程所需的技术配套服务提供有力的产品和技术支持，同时，这更是美龙人着眼于当前飞速发展的环保事业的需要而迈出的关键一步。

至此，秉承了中国建筑材料科学研究院和南京玻璃纤维研究设计院三十余年的所有滤材方面的科技成果，引进了国外先进的工艺技术和设备，并在此基础上总结、积累和发展自己企业的文化和精髓，美龙科技对国内过滤材料的应用和发展起到了重要的导向作用，产品畅销国内28个省、市、自治区，远销海外多个国家。

图6-44　发明名称：多功能玻璃纤维复合滤料及其制造方法

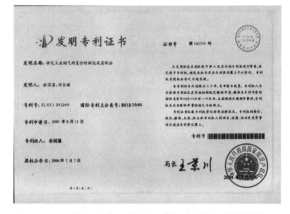

图6-45　发明名称：净化工业烟气的复合针刺毡及其制造方法

永不满足是前进的动力，而创新发展更需要有胆识和谋略。可以说，美龙科技的发展过程，就是一次次不断追求卓越、超越自我的壮大和提升，三十年的栉风沐雨终结出春华秋实的丰硕果实。

对领跑者而言，只要速度够快，超越别人是一件相对容易的事；而要超越自我，与自己赛跑，打败过去的自己，则很难。但是，作为领跑者，要主导产业发展潮流，不断创造新的领先优势，必须要跨过自我超越这一关。

从创建伊始，公司便立足于技术创新和新产品开发，很多人会想不到，公司多项专利的发明人，正是企业的董事长兼总经理胡长顺。多年来，在这样一位勇于创新、勇于超越自我的领军人物的率领下，美龙科技在国内率先生产净化高炉煤气用玻璃纤维机织布滤材，率先生产玻璃纤维膨体布，率先生产玻璃纤维针刺毡等。分别于1998年和2001年，发明专利"多功能玻璃纤维复合针刺毡及其制法"（注册商标"氟美斯"）、"净化工业烟气的复合针刺毡及其制法"（注册商标"特氟美"）一举通过产品鉴定并投产，经检测，各项指标均达到或超过国家标准。这两个专利产品在净化高炉煤气领域获得了广泛的应用，主要应用于 300 ～ 4000m³ 的大中型高炉煤气除尘。氟美斯（图6-46）成了玻纤针刺毡的替代产品，由于它是在玻纤毡基础上进行了改性，具有较好耐磨性、抗着性和动态过滤性能，大大提高了使用寿命，产品自投放市场后，很快得到用户的认可。而第二个专利产品特氟美（图6-47），不仅可以替代玻纤毡，而且可替代芳纶毡。它是对"氟美斯"滤材进行完善提高，不断创新研制而成的，不但可以生产保持玻纤耐高温特性的复合毡，也可设计保持化纤高耐磨、高抗折、使用寿命长、不同耐温的复合滤材。同时，由于它合理的质价比，所以有很强的生命力，成为指导公司环保滤材今后发展方向的主打产品。

不断用高新技术去进行改造，不断增加产品的技术含量，这是美龙人选择的一条非同寻

常的发展道路，来坚定地实现自我超越，不断把新产品顶上去，让所有的产品都以新形象、新内涵面对市场检验，以保持"领跑"状态。

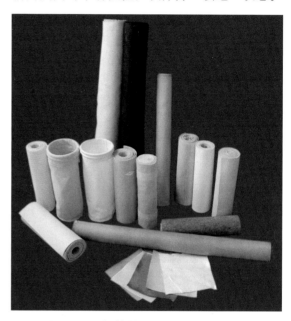

图6-46　氟美斯系列产品—FMS9806

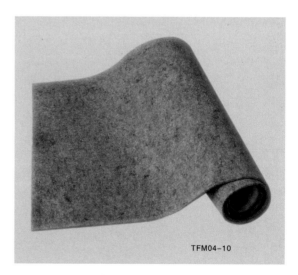

图6-47　特氟美系列产品—TFM04-10

新技术、新产品牵引美龙科技一路疾行，也为同行业者指明了前进的方向。领跑者的身后不仅跟随者众多，而且掌声如潮。美龙人开辟了环保滤材应用的新天地，而且带来了可观的经济效益和社会效益。

滤料作为除尘器的心脏，性能好坏直接决定袋式除尘的成败，在公司30多年的发展进程中，滤料的研究与改进始终伴随着袋式除尘的发展一路同行。国家"十一五"规划对环境保护提出了更高的要求，各行业内节能减排的技改项目逐渐成为主流。据有关统计数字显示，我国年烟尘排放总量达到了1159万吨，世界十大空气污染的城市中中国就占七个。行业专家认为要治理大气污染达到国家要求的排放标准，必须采用布袋除尘技术，布袋除尘是解决高效除尘的唯一途径，终将替代水、电除尘。近十年来国内较大的环保建设和改造工程也大都采用干法袋式除尘器，它在净化效率、节水、节能、环保、节省土地、节约资金和提高劳动生产率方面都有明显的优势，该技术完全符合循环经济原则，进一步满足实现资源节约型和环境友好型社会的要求。三十年来，美龙科技依靠自身力量研究出的具有知识产权的这一重要技术，无疑具有重大的意义。有翔实的数据显示，从1998—2007年近十年来，多功能复合针刺毡的应用过程中，节约总价值1852692亿元——这是一个显著的数字，它有力地诠释了美龙科技在国内滤料发展过程中无可替代的导向作用，充分肯定了美龙人所创造的良好的经济效益和社会效益。尤其是布袋除尘技术的推广和应用，正是在国家大力提倡"科技成果化，成果产业化"的今天表明，注入科技因子的民营企业，在"产业报国"的旗帜下定会大有作为。

美龙的技术产品遍布大江南北，并大力融入国际市场，产品远销美国、印度、伊朗等，业务涉及钢铁、水泥、铁合金、电力、垃圾焚烧、沥青搅拌等多个行业领域（图6-48），质价比居国内滤材市场前列。自主的知识产权、领先的行业技术、可靠的产品质量、周到的售后服务为美龙赢得了业内的普遍赞誉和客户的信赖，开启了环保滤材新时代。

铁合金行业　　　化工行业
钢铁行业　　　水泥行业

图6-48　广泛的应用领域

领跑中国，领跑未来。

领跑一个行业三十年，需要的不仅是实力，更需要具备敢于领先对手的勇气。美龙科技就是依靠自主创新、不断挑战的精神，在董事长胡长顺的带领下，一步一个脚印地前进，每一步都如此铿锵有力，赢得了三十年的领跑地位。筚路蓝缕，以启山林。真正的领跑者，还必须具有敢于率先踏足未知领域、大胆为同行探路的气魄和胸怀。可以预见，当他的前方荆棘满途，他的身后必定鲜花遍野，在金融危机未散的阴霾中，在市场经济滚滚的激流中，美龙科技仍将以舍我其谁的姿态，继续担当起领跑者的角色。

我们相信，志存高远的胡长顺，必定会继续以勇往直前、不屈不挠的奋斗精神，率领美龙人在新的起点上，不断地自我超越，带动国内的同行一起迅跑，赛出一片更新更美的天地，领跑中国，领跑未来！美龙，好一个领跑者！

兖州，是中国古代九州之一，北望五岳之首泰山巍峨，南视微山湖水清波荡漾，东瞻孔子故里文化名城曲阜，山水清悠，文化源远流长。中国玻璃纤维工业协会理事单位、中国玻璃纤维及深加工制品专业供应商——兖州创佳玻璃纤维制品有限公司（图6-49）就坐落在兖州开发区内。

图6-49 兖州创佳玻璃纤维制品有限公司

兖州创佳玻璃纤维制品有限公司于2002年9月完成了股份制改造，多年来，经过市场经济大潮的历练，实现了跨越式的发展。今天，公司拥有玻璃纤维拉丝、纺纱、织布、绝缘材料及各类制品加工生产线，占地面积200余亩，各类技术人员88名，拥有自己的玻纤研发和质量检测中心。2005年初正式通过了ISO9000-2001质量管理体系认证。

创新求变，不断丰富产品系列。

作为中国玻璃纤维及深加工制品专业供应商，兖州创佳的产品系列伴随着产业规模不断发展，主要产品有中（无）碱增强连续玻纤纱，玻纤布，耐碱网格布，各种玻璃纤维短切毡、缝边毡、复合毡、电器绝缘漆管及各类制品生产加工等十几个品种100多个规格，均属于行业"十二五"发展规划鼓励发展的玻纤制品。其中墙体网布被山东省建设厅列为墙改新材料，电气绝缘套管被列入山东省科委星火计划。绝缘套管机如图6-50所示。

随着国家产业结构的调整和新材料的广泛应用，创佳公司迈上了以无机非金属材料为重点，以玻纤深加工和玻璃钢复合材料为导向，以高新技术改造传统产业，全面提升企业竞争力的新型发展模式。建成了"技术研发中心—

纤维分厂—织物及后处理分厂（图6-51）—绝缘材料分厂—玻璃钢复合材料分厂—营销公司"一条龙深加工体系。年产各种玻纤制品60000吨。主要产品畅销全国各地，并出口到意大利、西班牙、土耳其、波兰、俄罗斯、韩国、法国、日本、印度等国家，深受顾客信赖，年销售收入达到1.5亿元人民币。

图6-50 绝缘套管机

贯彻"十二五"规划，向玻纤深加工要效益。

玻纤行业"十二五"规划确定了"从以发展池窑为中心，转移到完善池窑技术、发展玻纤制品加工业为主的方向上来，发挥现有池窑产能，淘汰、限制落后产能"的指导思想。其中大力发展玻纤深加工产业，推广玻纤应用和节能减排、环保标准、淘汰落后产能，为玻纤企业的"可持续发展"战略指明了方向。中国建材联合会乔龙德会长明确指出：玻纤行业要向制品深加工产业链发展。

图6-51 织布车间

兖州创佳结合自身企业发展的实际，将"创新求变，合作共赢"作为公司愿景，建立起以市场为导向，自主研发与引进相结合，以研发满足市场需求与企业持续发展的适用技术和产品为目标，使公司成为玻纤产品研究开发的生产基地；在企业规模不断扩大的同时，建立起设备先进、技术含量高的集拉丝、捻线、深加工等整套生产线；推出管道用保温毡。适销对路的产品在市场上一经推出便供不应求，有力地支持周边地区城市发展和农村水利建设，并且畅销全国和海外市场。

再创佳绩，做玻纤深加工十强。

"致力于成为中国最具有综合竞争力的纤维基地和新材料供应商，兖州创佳的目标是做中国玻纤深加工十强企业。"为实现这一目标，兖州创佳近年来企业各项工作扎实开展，经济效益连年上升，公司始终坚持"顾客永远是最重要的，用我们的行动和优质的产品去服务顾客，创新市场"的经营理念，以"顾客满意"为宗旨，与国内外客户携手共进，为玻纤事业的发展作出突出的贡献，多年来屡获殊荣：省级"重合同守信用企业"、"兖州市先进企业"、"兖州市发展经济先进单位"、"消费者满意单位"、"安全生产工作先进单位"、"科技工作先进企业"等荣誉称号，是玻璃纤维行业及济宁地区重点企业，山东省最具发展潜力的民营企业之一。

荣誉属于过去。兖州创佳玻璃纤维制品有限公司朱本志董事长这样解释自己公司名称中的"创佳"二字："未来我们将不断再创佳绩。""诚信是企业立业之本，宏远的发展目标和发展规划是企业做大做强的前提，只要有全体职工的不懈奋斗，创佳玻纤将会迎来更加辉煌的明天。"创佳将"诚信共赢，客户至上"的经营宗旨，与国家产业政策调整、玻纤行业"十二五"规划紧密联系起来，坚持以节能、环保、自主创新、自主研发、自创品牌作为企

业科学发展、跨越发展的战略基点。公司先后与中国玻璃纤维工业协会、南京玻纤研究设计院、中国建材进出口公司等多家科研单位及企业进行人才引进、工艺技术提升、设备装备技术提升、新产品开发等多方面合作，成为长江以北最大的玻纤网布生产基地和玻纤行业绝缘材料生产基地。公司2012年建设检测中心、建立省级玻纤研发中心，在2000台绝缘套管机的基础上，增加到3000台，实现绝缘套管年生产能力3000万米以上，极大提升了企业参与市场竞争的能力。

如今，创佳玻纤公司已经成为山东省高新技术企业、兖州经济发展功勋企业，并被列为兖州市重点扶持企业之一。我们相信，随着玻纤材料应用得更加广泛，兖州创佳在玻纤深加工领域的前景将越来越广阔。

三、技术创新　玻纤领航

创新是企业进步的阶梯，是企业做大做强的源动力。

江苏九鼎集团组建于1992年，本着"鼎立天地，得报社会"的宗旨和"集聚智慧，创造奇迹"的理念，集团向多元化方向快速发展，现有控股子公司12家（其中上市公司一家），形成了以新材料、新能源、生物材料、房地产、家纺五大产业协同发展的格局。

集团核心企业江苏九鼎新材料股份有限公司，系国家二级企业，国家航空航天用特种玻纤布定点生产企业、国家经贸委玻璃纤维土工格栅定点生产企业。专业从事玻璃纤维及玻璃钢复合材料制品的研发、生产与销售。公司先后获得"国家高新技术企业"、"全国重合同守信用企业"、"中国建材百强企业"、"中国民营企业500强"等荣誉称号。公司成为国内规模最大、技术最先进的纺织型玻纤制

品生产企业之一，全球规模最大的增强砂轮用玻纤网片制造商之一。公司拥有池窑—拉丝—退并—织造—树脂合成—后处理完整的玻纤玻钢产业链。2007年12月，公司成功在深圳证券交易所挂牌上市（股票简称：九鼎新材，股票代码：002201）。

江西长江玻璃纤维有限公司同样着眼于新材料新技术的新机遇，把困难当做企业发展道路上的新挑战，把技术升级作为引领企业腾飞的引擎。2007年，长江玻纤斥资6600多万元，新建国际领先的电子布生产线。他们在九江东城玻纤基地购地20亩，新建厂房10000平方米，购进喷气织布机100台，联合整浆机一套，后处理机组一套，拉丝机60台及通用设备等，新建一条年产3000万米电子布生产线，主要生产2116、7628和1080等类型电子布。他们瞄准国际领先的技术和管理，主要设备均采购自欧洲厂商。如法国ICBT捻线机、德国HACOBA整经机、德国SUCKER浆纱机、比利时PICANOI喷气织机和捷克喷气织机，一条龙的生产线，加上严密的质量保证体系，结合十余年的生产经验，公司主要产品质量达到国外同类产品ASTM7628标准，受到市场一致好评。生产线实现当年设计、安装，第二年投入生产，增加产值3.4亿元，新增税收1000万元，新增就业200余人。该项目的建成投产，不仅为国产薄电子布的发展作出了贡献，而且为覆铜板行业、印刷电路板行业的快速发展提高了基材基础，为电子产业的发展作出了积极的贡献。

通过技术改造和产业升级，企业不仅实现了可观的经济效益，更带来了企业形象和员工精神面貌的巨大改变。如今，在长江玻纤宽敞明亮的生产车间内，工人们穿着整齐的工作服，在恒温的作业条件下从容而认真地操作。

据主管生产的负责人介绍，改造后的生产线，劳动生产率提高了，产量增加了，工人的劳动环境大大改善，而且劳动强度较以往降低很多。以拉丝工艺的变化为例，现在一个工人能够完成过去几个工人的工作，同时，拉丝质量大幅提高，避免了长期以来由于工人技术水平差异带来的废品率问题。现在成品率达到了95%～96%，比传统工艺提高了10个百分点。许多从事拉丝工艺多年的老员工，看到如今年轻人在宽敞明亮四季如春的车间里工作，回想起过去的老车间、旧设备，感慨万千：是技术革命使传统产业旧貌换了新颜！

传说在东北辽东湾，曾经有这样一群人，他们世世代代像候鸟一样南北迁徙，春来秋去，逐渔讯，沿海岸踏浪而行，被人称为"古渔雁群落"。美丽的传说，在这片美丽的沃土上流传千年，演绎了盘锦海域及沿岸内涵丰富、神奇美丽的"古渔雁"文化，影响着一代代盘锦人，他们积极进取，不断创新，在今天市场经济的风浪中，弄浪潮头。

在这样一个人杰地灵的地方，有这样一个企业——华鑫玻璃纤维制品有限公司，地处辽河，阔达百里的红海滩形成了这里独特的风景，也养育了这里人们豪爽、积极、果敢、不断创新的性格。这个建于20世纪80年代的玻纤工厂，历经改革开放的重重洗礼，在市场经济大潮中，不断进取，以他们的探索和实践，印证了"企业发展的唯一出路，在于加强技术创新"的鲜活经验。

把时间拉回到几年前，世界金融危机从太平洋彼岸发端，很快就波及到中国，玻纤行业也面临了空前的困境。面对困难，企业应该怎么办，是固守成规，坐以待毙，还是卧薪尝胆，积极应对？华鑫人选择了后者。那时，适逢中国玻璃纤维工业协会积极倡导技术改造，整合全行业资源。玻纤协会张福祥秘书长来到盘锦，在华鑫玻纤考察期间，详细了解了企业现状、技术特点和面临的问题，与王华安董事长一起深入分析市场形势，果断决策。在市场的低迷期，走出了布局企业未来发展的关键一步。如图 6-52 所示。

图 6-52　董事长王华安陪同玻纤协会秘书长张福祥及来华鑫取经的同行参观改造后的拉丝车间

华鑫玻纤以生产各种规格玻璃纤维纱、玻璃纤维网格布、玻璃纤维导风筒基布、防水卷材基布等为主，产品销往国内和国际市场。长期以来产品销路通畅。这一次的金融危机，唤起了华鑫人的危机意识，他们认识到，不能等到市场逼着我们非改不可的时候，再考虑技术升级，而是要未雨绸缪，占领先机。他们积极响应玻纤协会的倡议，开展技术改造，设备升级换代，由张福祥秘书长牵线搭桥，主要设备与洛阳纺织机械厂和浙江多家企业紧密合作开发。整个改造项目，用时短、针对性强、见效快，现已全面形成规模生产，去年下半年，随着全球经济复苏，订单回升，技术改造的成果，开始显示出巨大的经济效益。

谈起技术改造给企业带来的变化，华鑫玻纤董事长王华安如数家珍："技术改造以后，本厂产品的技术含量达到国内先进水平，具有 100 台国内先进的磁控宽幅织布机，有 7 套国内先进的后处理机组，6 台切边机……"

"在玻纤协会的支持和帮助下，我们选择了循序渐进稳健的技改步骤，从上马宽幅织布机开始，大卷装捻线机、200 孔坩埚大卷装拉丝机，一步一个脚印地完成了企业的技术升级。技术改造提高了产品质量，毛丝基本没有了。成品率从以前的 84%，提高到现在的 90% 以上……"

在产品质量大幅提升，产量和利润同步提高的同时，新型设备和生产工艺提高了劳动生产率，极大地改善了工人的工作环境，降低了劳动强度。在车间，我们看到，工人们穿着整齐的工装，在干净的环境中有条不紊地操作着机器，不再是过去旧工艺条件下，工人汗流浃背不停忙碌的样子。而且，劳动强度降低的同时，效率却提高了，以拉丝工艺为例，过去一名工人只能看 1 ~ 2 台机械，采用新设备后一名工人可以看 6 ~ 7 台机械。

回顾这些年华鑫的发展轨迹，华鑫玻纤的领导和员工们感慨颇多，正像玻纤协会张福祥秘书长在各地考察时一直对企业的领导说的那样："只有不断加强技术改造，企业才有出路！为什么坩埚法在发达国家依然存在？他们是什么样子？看看华鑫你们就明白了！"

四、金融危机　艰难共度

坚定信心，迎接挑战，不信春风唤不回。2008 年 6 月 13 日，经德阳市工商行政管理局批准，四川玻纤正式更名为"四川省玻纤集团公司"。8 月，由美国次贷危机引发的全球性金融危机席卷全球，来势汹汹，整个玻纤行业遭遇寒冬，作为 50% 以上依赖出口的四川玻纤来说，不得不关闭 60% 以上的产能，立即调整产品结构，抢抓国内传统产品市场，休养生息练内功，对管理人员实行工资减发，执行刚性纪律，保吃饭、保就业、保稳定、保发展、保安居。

坚持"不抛弃、不放弃"的原则，坚决做到不裁员、不把任何一名员工推向社会。实施两条腿走路政策：一跑政策资源，高管人员减发40%，中管人员减发30%，一般管理、辅助人员减发20%。制定下发专题文件《关于在震后重建和共度经济严冬中严肃领导干部政治纪律和经济纪律的暂行规定》，严控二级单位自有资金开支。采取措施休养生息，利用停产的充裕时间在全员轮流开展转岗技能培训，提升员工素质，如图6-53所示。

图6-53 领导总动员：轮岗培训

由于反应迅速，应对得当，经过两年坚持不懈的努力，正在向着复兴之路强势奔进！

随着国际金融危机的爆发和不断蔓延，作为直接出口和间接出口占较大比例的华特集团公司，经历了较为严峻的危机和挑战。伴随国外市场需求锐减，产品出口受到严重影响，与此同时国内市场竞争更趋激烈，来自市场营销和价格方面的竞争压力不断加大，部分产品由于市场萎缩出现滞销，相关产能无法释放，盈利空间受到挤压，企业流动资金出现紧张状况。

面对国际金融危机肆虐、企业生产经营受到严重冲击的情况，为增强员工战胜困难的信心，齐心协力共克时艰，集团向员工大力宣传党和国家在加大投资、振兴产业、保障民生、提振信心方面所采取的一系列政策和措施，分析企业在应对危机中具有的有利条件和长期所积蓄的产品、品牌等优势，统一员工思想认识，增强战胜危机的信心。为使人人关注企业命运，集团公司通过多种教育形式，增强全体员工的危机感和责任感，引导员工正确处理眼前利益和长远利益的关系，凝聚人心，同舟共济，恪尽职守，共渡时艰。

集团公司领导班子加强了对宏观经济环境和企业经济运行状况的分析，审时度势，把脉内部经济运行质量和效益，针对经济运行中存在的突出问题和薄弱环节，研究对策，加大管控力度，提高工作执行力；与此同时，集团公司领导横向比对省内外企业的生产经营状况，寻找差距，自我加压，迎接挑战，危中寻机，适时上调企业生产经营计划目标，自觉承担国有企业保增长的重要责任。

迎难而上，多措并举，力促生产经营恢复性增长。

在国际金融危机不断加深、经济增长乏力的严峻形势下，集团公司领导班子迎难而上，集思广益，扎实工作，共谋发展，制订了保产能、保增长、保稳定的工作目标和相关措施，力图减小国际金融危机对企业的冲击和影响。

一是大力实施项目带动发展战略。根据国家玻纤行业产业发展方向、市场需求信息及企业自身发展的需要，积极稳妥推进有关项目的实施工作，为企业发展创造新的经济增长点；不断完善新建项目后续工作，改进工艺与产品品质，以求充分发挥应有产能，提高项目对企业生产经营的贡献率；加快新产品开发步伐，建立产销联动机制，为企业长远发展蓄势。

二是突出特种玻纤优势，不断调整产品结构。集团把重点放在如何突破特种玻纤的生产和技术瓶颈，如何做足和放大特种玻纤的生产效应，如何提高特种玻纤的品质和效率效益上，致力提高产品技术含量和附加值，优化资源配置，发挥资源配置效益效率化。

三是采取切实措施加强营销工作。集团加强了对国内外市场信息的反馈、研究，根据竞争需要适时调整营销策略，对重点产品制订促销方案，改进和完善售后服务，加大货款回收力度，有效规避资金和经营风险，实现了压缩库存、加快周转、盘活资金的目标。

四是以全新的管理理念，加强和完善内部考核激励机制。集团从促进生产、强化市场营销、加快新产品开发等目的出发，制定了科学、严格、富有激励性的考核办法，奖罚分明，激发了各层级的工作热情，提高了工作效率和质量。

五是大力开展"提升产能夺高产"劳动竞赛活动。通过开展活动，企业生产恢复到金融危机前的水平，生产总量有所增加，劳动生产率得到提高，职工热爱企业之情在竞赛中得到实际体现。

六是加强资金筹措和管理，保持企业资金链顺畅有效。集团通过加快周转、减少沉淀、确保重点、成本监控等措施实现资金的有效运营，同时多方筹措资金，加强资金管控和合理使用，保障企业资金链安全顺畅。

七是实施"人才兴企"战略。实行中层管理人员公开竞聘，一批业务精湛、表现突出、作风过硬的年轻同志被聘任到管理岗位；继续完善和强化企业内部技术带头人评选的有关规定，实行强化考核、动态管理；吸收外部人才和新近毕业的大学生加盟企业，并落实特殊的待遇政策，实现事业留人、待遇留人、感情留人。

八是坚持学习实践科学发展观与解放思想、转变作风、强化管理相结合，从思想观念、发展思路、经营理念、管理模式、工作作风等方面为企业持续较快发展做好多方面的准备，以达到学习实践活动"领导干部受教育、科学发展上水平、职工群众得实惠"的目标。

五、把脉市场　精准定位

市场是检验企业实力的试金石，正确把脉市场，精准定位企业产品，是企业长远发展的保障。过去几年中国经济的飞速成长为国内的玻纤企业创造了无限商机，同时也吸引了外商的兴趣。中国玻纤市场为一些大型跨国公司提供了一条提高全球竞争力的道路。爱杰维（上海）就是看准了这点，将攻占中国市场作为全球跨国公司的一项根本战略，同时也是利用中国区的运营来提高全球跨国公司竞争能力的一个有效方法，如图6-54所示。

爱杰维（上海）玻纤材料有限公司坐落于上海市浦东新区康桥工业区，地处中国经济发展的龙头，处于长江三角洲水陆交通枢纽，交通方便，环境秀丽。主要生产电子级玻璃纤维纱，产品主要供应下游电子级布业者以及其他工业复合材料业者。现有一条池窑生产线，年产能约 18000 吨。产品有 G37、G67、G75、G150、E225、E110、DE75、D450 系列的高品质电子级玻璃纤维纱，未来还将引进 D900、C1200 和 S 高强玻纤系列产品，供高端电子客户与工业客户使用。

图 6-54 美籍专家来爱杰维考察指导

爱杰维提出了以"成就卓越的高端玻纤材料供应商"为使命，以"致力于市场的创新团队，打造持续成长的全球公司"为愿景的宏伟蓝图，以"开放分享、诚实有责、高效执行、激情成长"为核心的价值观，组建一支高效精干的团队。由博士、研究生、本科到中专的呈梯次结构的研发团队和质量控制团队，加上 AGY 美国公司各个领域外籍专家的技术支持，使得企业的产品始终有质量保证。产品质量不但达到国际先进水平，并取得了 SGS 的质量与环境

的认证。产品主要用于电子及工业用玻璃纤维纱，织造 7628、2116、1080 等型号玻璃纤维布，Low-DK/Low-CTE，复合材料用纱，用于国防及军工。产品应用领域如图 6-55 所示。

普通电子级用于常规型号的 PCB 板材　　超细纱用于 IPAD

复合材料用纱用于汽车工业　　　　用于军工

用于航天　　　　　　　　　用于风电

图 6-55 产品应用领域

中国是世界上最有竞争性的市场环境，这种竞争性为市场的成长提供了主要动力，也使得中国市场变化更快，竞争更激烈。爱杰维（上海）已经具备超细纱的生产技术，同时结合中国市场进行技术与观念的自主创新，以改变产品的结构，提高产品的档次，增加生产高端超细电子纱产品，减少低端的电子粗砂。公司强调用现代化管理理念管理生产制造的每一个环节，不断改进和提升工厂的生产技术，提高产品质量。

江西长江玻璃纤维有限公司快速发展的几年，正是国内国际市场剧烈动荡的时期，为

积极应对次贷危机引发的国际金融危机，长江玻纤通过对外抢抓订单，对内加大新产品研发力度、强化企业内部管理等一系列有力举措，扩大了国内市场占有份额，使企业得以持续发展。

2008年下半年，公司受到对外出口订单急剧下滑影响，也一度出现大面积减产。为此，公司及时调整营销战略，调整出口份额，积极开拓国内市场；在稳住老客户基础上，开发有实力的新客户；果断决策，加大新产品研发力度，以新技术新产品抢占市场，研发出来的绝缘玻璃布和涂覆玻璃布已逐步打开国内市场新销路，成为公司新的利润增长点。与此同时，长江玻纤通过强化内部管理与考核，加强大型能源设备的能耗管理，杜绝"大马拉小车"的能源浪费现象发生，实现产值能耗持续降低；管理从细节入手，通过在生产中各道工序严把质量关，少出废品，不出差错，把节能降耗工作落到了实处。

美丽庐山，人杰地灵。发展中的长江玻璃纤维有限公司，作为九江玻纤行业的龙头企业，正以崭新的面貌，扎实的脚步，走向更加美好的明天。

六、社会责任　勇于担当

2008年5月12日，四川省汶川市发生里氏8.0级特大地震。毗邻龙门地震断裂带的四川玻纤受到强烈波及，瞬间地动山摇，天旋地转，通讯即刻中断，房屋倾斜、倒毁，设备变形、破裂，原材料及产品倾覆、毁损，生活、生产顷刻瘫痪，如图6-56所示。

经省市专家组鉴定，此次地震共造成98幢房屋受损，面积达15万平方米，其中危房33幢；1173套生产设备设施受挫，经评估集团公司直接经济损失达上亿元。

图6-56　地震后的狼藉

公司领导班子临危不惧，科学决策，合理谋划，迅即展开生活自救和生产自救，如图6-57和图6-58所示。全体干部员工众志成城，不畏艰险，携手并肩，坚强不屈，共同抗击这场突如其来、破坏力极强的特大地震。

图6-57　领导干部身先士卒抗震救灾

击队支援汉旺天池煤矿，派出两批抗灾突击队奔赴什邡湔氏镇，连续十多天深入极重灾区，帮助他们抢险救人，全体干部、员工及家属向极重灾区捐款165771.6元，401名党员、预备党员和入党积极分子自发交纳抗震救灾"特殊党费"188192元。如图6-59所示。

图6-58 全体员工自救行动

图6-59 特殊党费

"5·12"当天就将全体员工及家属安全转移至2116项目用地，搭建防震棚予以妥善安置，避免了重大人员伤亡，仅有10多名员工受轻伤。连续一个多月免费提供一日三餐，做好疾病防疫、环境卫生、思想政治、治安防范、勘察危房等工作，不等不靠，自强不息。一方面对受损厂房和设备设施进行维修和拼装；另一方面党政领导与一线员工一起工作，消除恐惧心理，全力以赴恢复生产、生活重建美丽川纤新家园。

天灾虽无情，川纤有大爱。四川玻纤人在生与死的艰难抉择中沉着、坚定、果敢，于惶惑混乱中挺起不屈的脊梁，自救互助、星夜驰援，共同描绘出一道绚丽多彩的生命彩虹，谱写了一曲曲抗震救灾的川纤壮歌！

企业在自身遭重灾的情况下仍心系绵竹重灾区，克服重重困难，先后派出四批抗灾突

"5.12"特大地震使集团公司受到惨重损失，全球性金融危机的猛烈冲击更使企业雪上加霜。企业面临灾后重建的沉重压力和后危机时代的复杂形势，全体川纤儿女科学策划、知难图进，坚持走恢复、重建、发展并举之路，以昂扬的斗志开启四川玻纤二次创业的崭新篇章，如图6-60所示。

图6-60 重建中的四川玻纤

2008 年 10 月 19 日，四川省玻纤集团有限公司年产 7000 吨特种玻璃纤维纱生产线灾后重建项目奠基剪彩。同月，企业将织造系统进行整合，将新材料一车间和新材料二车间合并为新材料车间，将原织造二车间和织造三车间合并为织造二车间。

2009 年 7 月，四川玻纤厂荣获国家"高新技术企业"称号；8 月 10 日，企业将四川玻纤工业技工学校整体剥离移交罗江县人民政府管理；10 月，焖烧炉技术改造取得成功。同年，成功开发出淀粉型玻璃纤维浸润剂，取得 EW200-127 无碱玻璃纤维布核心技术——"石蜡型玻璃纤维浸润剂及其制备方法"的发明专利权，进一步增强了企业核心竞争力。同月，企业将生产系统再次进行优化整合，撤销织造二车间，将织造二车间整体并入新材料车间。

2010 年，企业征地 500 亩，用于兴建四川玻纤工业园。3 月，成功开发出新型环保材料 H-bak7，同月，职工灾后永久性安居房重建动工，总计拆除 3-29 号楼危房、单身楼危房 1366 套，面积达 28305.36 平方米。5 月，灾后职工永久性住房建设一期工程（凯江苑）154 套竣工验收并投入使用，如图 6-61 所示。8 月，成立省级技术中心。9 月 28 日，企业以简朴、热烈的方式举行四十周年庆典活动，同时举行四川玻纤工业园开工典礼，特纤项目开工建设。

图 6-61　灾后重建一期工程凯江苑

四川玻纤厂经受住了特大地震的考验，冲破了金融危机的封锁，重建了美好的玻纤家园，生产快速恢复。我们相信，四川玻纤厂的明天会越来越好（图 6-62）。

图 6-62　美好的明天：四川玻纤

七、企业文化　行业精神

企业文化是企业生产发展的核心动力。文化决定观念、观念决定思路、思路决定出路。在实践、学习、培训、反思的基础上，科学地提炼和概括，形成了四川玻纤的核心文化理念。

在四川玻纤，业余爱好者组织生机无限。青年读书协会、书画美术摄影协会、篮球协会、乒乓球协会、羽毛球协会、门球协会、音乐舞蹈协会等职工业余爱好者组织相继成立，定期开展活动，"走出去"和"请进来"学习交流，满足不同层次员工的精神文化需求。如图 6-63 和图 6-64 所示。

图 6-63　董事长杨万嘉（左）副经理陈仕恩（右）
为四川玻纤厂成立 40 周年题词

图 6-64　丰富多彩的文化活动

群众文化创建活动展现了蓬勃生机。职工书画展、"五好"文明家庭评比、女工健身操赛、篮球赛、羽毛球赛、乒乓球赛、象棋赛、门球赛、演讲比赛、诗歌朗诵比赛等活动丰富多彩。企业充分利用重阳等节日举办大众参与的文艺晚会，创建快乐、健康、和谐的文化氛围。在德阳市、县各级重大晚会上累计表演 21 场。公司领导杨万嘉、陈仕恩的书法作品多次在国家、省、市各级展览中获得一等奖，百花竞放的文体活动彰显了川纤文化的无穷魅力。

四十余年来川纤的发展得到各级政府、相关部门的关心。原国家建材局局长林汉雄

（图 6-65），原省委书记刘鹏（图 6-66），省委常委、省人大常委会副主任甘道明一行，中国玻璃纤维工业协会会长孙向远，四川省省长蒋巨峰（图 6-67），省人大常委会副主任马开明（图 6-68），原国家建材局副局长张人为（图 6-69）、德阳市市委书记李成云、方小方（图 6-70）、市长陈新有等先后来公司进行调研和指导，支持川纤发展，惠及员工。

企业几代领导班子励精图治、高瞻远瞩，一代代川纤儿女同心同德、艰苦奋斗、开拓创新，屡创佳绩。

图 6-65　原国家建材局局长林汉雄来我厂视察

图 6-66　原省委副书记刘鹏来公司调研

图6-67 省长蒋巨峰来川纤调研

图6-68 省人大常委会副主任马开明一行来天泉公司调研

图6-69 原国家建材局副局长张人为来厂视察

图6-70 市委书记方小方来川纤调研

四川玻纤人不断地努力，换来了产品在国内外市场上举足轻重的地位，企业也得到了玻纤业内人士的认可。2001年，四川玻纤厂被评定为高新技术企业，获得了"2001年四川工业企业最大规模500强""2001年四川工业企业最大纳税200强""2002年四川工业企业最佳效益200强"等荣誉。

酒香不怕巷子深，企业的飞速发展吸引着越来越多的外商前来合作洽谈。1992年4月，美国原丝公司总裁查尔斯·柯金（图6-71）来四川玻纤厂参观，1995年4月，德国PD公司奔驰·戴姆乐一行来厂考察（图6-72）；1996年3月德国英特格公司来厂考察（图6-73）；1997年10月，美国BISHOP公司总裁哈罗德比普查先生来公司考察。外商技术和资金的注入给四川玻纤厂带来了新的源动力。

图6-71 1992年4月美国原丝公司总裁查尔斯·柯金一行来厂考察

图6-72 1995年4月德国PD公司奔驰·戴姆乐一行来厂参观

图6-73 1996年3月德国英特格公司来厂考察

八、百年字号 不朽传奇

义和诚——一个有着沉甸甸的历史和辉煌成就的金字招牌（图6-74），始创于晚清，兴盛于民国，它的开创和发展蕴含了陈氏家族几代人的艰辛和传奇。在鲁商文化的熏陶中成长，家族的荣耀铭刻于心，生命中涌动着祖辈经商的血脉，这一切都化作了陈希峰重振义和诚的不竭动力。

1992年，当代"义和诚"的发起人陈希峰先生，响应邓小平南方讲话精神，在地方政策的鼓励与支持下，在山东省莘县古云镇东秦皇堤旧址建起了鲁西轻质保温材料有限公司，面积仅为4.15亩，一个车间，3台玻璃棉吹棉机，3月份奠基，6月26日正式投产，当时仅有职工32人。

创业艰辛，但是鲁商陈希峰凭借坚韧不拔的意志，信念从未消沉，脚步从未停歇。其间的艰辛依然历历在目：厂房建好后，答应转让设备的一方突然反悔，陈希峰没有怨天尤人，怀揣1000多元钱，借来一辆212北京吉普，在滂沱的大雨中连夜驱车赶往南京找技术。在泥泞的路上整整颠簸了两天一夜，那时的道路是无法与今日比拟的，有的地方甚至没有公路，这一切并没有让陈希峰退却，历尽艰辛终于带

回了设备的图纸，再次借款请人加工设备。然而现实远非想象中的那般美好，产品生产出来了，却卖不掉，很难打入市场，辛苦两年下来，反倒亏损100多万，合伙人也跑了。

陈希峰留了下来，凭借着坚韧不拔的毅力，迎难而上，用一年多的时间跑市场，遍访上海、镇江、杭州等地生产保温材料的工厂，人家不信任自己的产品，就把产品送给厂家试用。渐渐地，功夫不负有心人，市场的大门就这样一点点地打开了，自己坚守的厂子终于开始有了盈利，先后用了两年的时间将100多万的欠款全部还清！这是怎样的700多个日日夜夜：晚上在路上奔波，白天去工厂里推销，常常一天下来滴水未进，几天几夜不睡更成了家常便饭；每天再晚，只要回到自己的厂子，一定先去生产车间，和工人们一起学习并切磋工艺技术，一块儿备货装车，30多岁本该强壮的身体却被胃炎、胃窦炎、肾结石、脑供血不足等多种病痛困扰。这一切的苦都没有白吃，困境中的磨练为今后的事业奠定了坚实的基础。

天道酬勤，1999年，火焰棉产量已经称雄全国；2001年，第1座玻璃球窑建成并投产；2002年，玻璃球2号窑投产；2003年，引入拉丝生产线，生产玻璃纤维纱，在东明建一座球窑并投产；2004年，承包濮阳一座玻璃球窑；到2005年底，公司已发展为占地面积26万多平方米，有职工1200余人的大型民营企业，2005年11月11日，更名为"山东义和诚实业集团有限公司"，简称为：山东义和诚集团；2006年，第5座球窑建成……

值得一提的是，公司的专利产品YTP绝热保温纸（Y为义和诚汉语拼音的首字母），凭借优异的质量为日本松下和东芝所采用，国内仅此一家。

图 6-74　义和诚

几经沧桑矢志不移，一步一个脚印，每一次超越、每一次从蛹到蝶的蜕变都折射出陈希峰坚韧不拔的意志和敢于迎接挑战、直面人生的气度。

尽管创业后的几年企业就具备了一定的实力，但陈希峰并没有急于早早使用"义和诚"这个招牌，他认为祖辈留下的这笔宝贵财富，是家族几代人用诚信、辛勤、智慧和心血浇铸而成的，一定要经得起时间的检验，为了延续"义和诚"良好的口碑，经过几年的厚积薄发，在 2000 年，当企业发展步入正轨，规模已成，生产日趋成熟，主打产品火焰棉笑傲全国的时候，"义和诚"这块金不换的招牌终于承载着往昔的辉煌，穿越时光的长廊再次来到世人面前。义和诚荣誉资质如图 6-75 所示。

图 6-75　荣誉资质

山东义和诚集团在激烈的市场竞争中独占鳌头，得益于科学的管理模式与创新机制，形成了合理的产业结构。当前，山东义和诚集团下设五个事业部、四个分公司，有九大支柱

产品。"义和诚"的后人将百年的"义和诚"这一商号和现代理念相结合，以"义为本、和为贵、诚为信"为宗旨，全力打造当代"义和诚"百年老字号。

而今的义和诚集团，已发展成为集科研、生产、销售于一体，拥有职工 1200 余人，年销售额超过 3 亿元，是国内唯一生产"玻璃球—玻璃纤维纱—玻璃纤维滤布 / 短切毡—超细玻璃纤维棉—AGM/YTP 隔板—离心玻璃棉"系列产品的高科技民营企业。产品规格齐全，质量稳定，"义和诚"为了适应瞬息万变的市场，公司严格按照 ISO9001：2000 标准建立了完善的质量管理体系，不断引进、消化吸收同行业先进的生产工艺，更新检测设备。

公司的健康快速发展离不开科学管理以及人才队伍的建设。现在市场的竞争就是人才的竞争，只有配备了一流的人才能创办出一流的企业。陈希峰深知这一用人理念，多年来他以开放包容、兼收并蓄的文化特征，形成具有自我特色的管理体系，不但大量引进和培养人才，更重要的是为人才提供了发挥才能的广阔舞台。

虽然义和诚实业集团是一个家族式企业，家族对企业拥有所有权，但并没有单一地搞家族式管理，而是较早地引入了职业经理人制，借外脑，用外力，全面提升企业管理水平。国内外先进的管理理念和经验在这里得到有效的尝试，并逐渐形成了适合企业自身特点、行之有效的管理制度，将家族企业的高效率与现代企业的规范化管理有机地融合在一起。

义和诚集团下各个分厂的厂长都是来自五湖四海的行业精英，对于自己亲自选定的高管，陈希峰大胆放权，将人、财、物下放给各分厂，各分厂独立核算，厂长对本厂的薪酬、奖励机制、人员任免有充分的自主权，总公司只有财务、物流、工会和办公室四个职能部门，为各分厂提供后勤保障。这种先进的分级管理模式，有效地激发了厂长的积极性，做到了人尽其才，每个人都最大化地施展自己的才能，作为集团董事长的陈希峰只对企业的总体战略目标和核心价值做决策，而在管理的细节上更多的只是积极的参与者。

"修身齐家治国平天下"，反映在山东商人的身上，就是关注民生。在孔孟之乡的山东，儒家思想植根于山东人的心灵深处。重感情，讲义气，山东商人受传统文化的熏陶，"穷则独善其身，达则兼济天下"。20世纪80年代初期，在商业领域初试锋芒的陈希峰从创业伊始，就不忘为父老乡亲着想，为村里排忧解难，帮扶大家共同富裕：旱季农忙时期，将柴油机、电机借给乡亲们，并亲自到田间地头给大家安装，昼夜不停，随叫随到，分文不取；1984年村里刚刚通电，电表、开关等各种紧缺的五金件都可以从自己的店里拿，有求必应；致富村里，将初具规模的商店转给集体，不计报酬……谈及这些往事，陈董谦虚地说，当时并没有想到这是什么慈善之举，也没有上升到回报社会这样的精神境界，只是一腔激情的热血，只是一个朴实的念头：要通过自己的双手和智慧，让情同手足的乡亲们早些过上好日子，而这一切，与金钱无关。至今，村里那条依然在使用的红砖路仍象修建他的主人一样，默默地在为人们不计回报地付出着自己的坚实；无论风雨中还是阳光下都岿然耸立的那块"天道酬勤"的牌坊，无声地诉说着一段无私为乡里捐资助学的感人故事。陈希峰还始终把职工的利益挂在心上，宽敞整洁的宿舍为员工提供了良好的休息环境，设施完备的幼儿园解决了员工的后顾之忧，而且员工的吃住都是免费的；定期组织各种文体活动，从不拖欠工资；福利待遇，能多不少，逢年过节，发钱发物。

上善若水，厚德载物，一个具有仁心博爱的人，才能成就百年之功；一个具有社会责任感的企业，才能求千秋之利，尽己所能，回馈社会，这位优秀民营企业家强烈的社会责任感如涓涓细流无声地汇入社会，滋润着生他养他的这方热土。

公司自建厂以来，凭借稳定的产品质量，良好的商业信誉以及灵活的销售策略，产品深受国内外市场的青睐。近年来，公司积极与国内外企业进行技术交流与合作，美国、日本和港台等国家和地区多家知名公司技术专家来公司考察指导，达成多项合作意向，公司的十几个规格的产品已多批次出口到美国、日本等国家。

百年是生命的长度，百年是企业的性格，历史昭示未来，过去的义和诚积淀了丰厚的鲁商文化底蕴，今天的义和诚展示着现代企业的绚丽风采，未来的义和诚必将在岁月的灼炼中升华为永恒的经典。"以义为本、以和为贵、以诚为信"的义和诚集团，在新的百年里程中再造辉煌！

九、企业舵手 行业精英

一个企业的领导者就是这个企业航行的舵手，他的运筹帷幄，不仅关系到企业自身的生存发展，也与整个行业环境密不可分。说到企业家精神，"工匠精神"落在企业家层面，就是企业家精神。创新是企业家精神的内核；敬业是企业家精神的动力；精益求精、执着专注，是企业家精神的底色。

（一）十年积淀，五年勃发

王燃——十五年造就"中国花王"

15年前，21岁，大学毕业，进入南京玻

璃纤维研究设计院第四研究所（即应用研究所），学习和钻研玻璃纤维浸润剂这一制约玻璃纤维工业发展的先决条件的关键技术。

5年前，31岁，不太成熟的技术，筹借来的30万元钱，租来的60平方米的屋顶上还有个大洞的厂房，1个客户，五六个员工，创办南通亨得利高分子材料科技有限公司，年销售额200万元。

1年前，36岁，公司拥有固定资产5000万元，建造面积10000平方米，所生产的玻璃纤维短切毡用粉末粘结剂、玻璃纤维短切毡用乳液粘结剂性能优越，可与日本花王株式会社、荷兰DSM公司产品相媲美！现已与OCV、巨石集团建立了长期稳定的合作关系，产品占据国内粉末粘结剂市场的60%，国际市场上远销韩国、印度、土耳其、沙特、伊朗和波兰等国家。40个员工，年销售额6000多万元。

十年积累，五年勃发！王燃——十五年造就"中国花王"！

图6-76　亨得利高分子材料科技有限公司
总经理王燃

1. 十年一剑　厚积薄发

15年前，21岁的王燃，大学毕业后被分配到南京玻璃纤维研究设计院第四研究所，从事玻璃纤维浸润剂的研究和开发工作。来所里的第一年（1993年）便参加了国家"八五"重点工业性试验项目——"玻璃纤维浸润剂工

业性试验基地"的研制、中试和生产工作，该项目于1994年12月通过了国家建材局组织的专家验收及鉴定。1994年参加了国家"八五"攻关项目"连续纤维原丝毡规模生产技术"的研制，年末此项目通过了国家科技部组织的专家鉴定认可。1996—1998年间，参与了南玻院第九研究所的筹建工作，参加了国家"863"项目——"玻璃纤维增强热塑料GMT片材"的攻关工作。1999—2001年间，负责南玻院院立项目——"喷射无捻粗纱浸润剂专用高浸透性聚酯乳液"的研制工作，该项目填补了国内浸润剂用高分子量高浸透性聚酯乳液的空白，在国内处于领先水平。在此后的两年时间里，王燃一直从事浸润剂的研发工作，从没间断过！

在南玻院的十年，是王燃安安心心待在实验室的十年，也是他踏踏实实研究浸润剂的十年，更是他积累经验，为以后勃发做准备的十年！俗话说十年磨一剑，王燃这把玻璃纤维浸润剂的利剑磨得差不多了，到了该出鞘的时候了！

2. 创业维艰　奋斗以成

2003年，带着这把利剑，王燃毅然只身从南京玻璃纤维研究设计院出来，拿着四处筹借来的30万元钱，在家乡南通租了一个60平方米的厂房，请了五六个工人，创办了南通亨得利高分子材料科技有限公司。当时厂房很破，以至于现在一回忆起来总能想起屋顶上的洞，让人容易联想到现在业内一著名企业家在猪圈内创业的佳话，从这当中不难感受到创业的艰辛！然而让王燃感到困惑和迷茫的不是资金不够充足，厂房不够好，工人不够多，而是在公司成立运转半年后，唯一的客户——无锡益明玻璃纤维有限公司不再采用他提供的玻璃纤维短切毡用粉末粘结剂了！这让王燃开始重新审视自己的产品，反思当初的选择。

公司创办初期，运转得非常好，产品性能也很符合唯一客户——无锡益明玻璃纤维有限公司的要求，而且产品利润颇丰。正当他沉浸在对未来的美好憧憬中时，益明公司的决定如同晴天霹雳，一下子将他从天堂打进了地狱，之前的一切恍如隔世！当时的王燃正值而立之年，在外是公司命运的主宰者，在内是家里的顶梁柱，于外于内都是中流砥柱，倒不得，也不能倒！

性格决定命运似乎是一条不可否认的公理。从小王燃就喜欢和困难做斗争，特别不服输，也特别能坚持！高中时家里离学校比较远——30 公里，每天在上学和放学的路上，都提前设定一个目标——这趟要超过多少人，并且隔一段时间基数会相应有所增长，这次超过 1000 人，下次就要超过 1200 人，每超过一个人心里就会暗自高兴一次，当超过 1000 人、1200 人时就会产生一种莫名的成就感！还有就是喜欢钻研难题，特别是数学和化学方面的，高中如此，上大学了也改不了这个"坏毛病"！凭借这股不服输的韧劲和吃苦耐劳的精神，王燃顶住压力，潜心研究，找出症结所在——季节原因，换季影响产品性能，导致益明公司生产出来的产品不能满足客户的要求，这在一定程度上也给益明公司带来很大经济损失，对此，王燃至今仍抱有很大歉意。

既然出现了问题，就得想办法解决问题。在这之后的 3 个月时间里，王燃又一头扎进了实验室，吃喝都在里面，每天只休息 4 ～ 5 个小时，天天做实验，做分析，找原因。没有客户也就意味着没有收入，而当时他爱人身体又不是很好，之前赚的钱大都拿去治病了，没有多余资金用来维持公司正常运转，公司境况可谓岌岌可危！"值得庆幸和感到安慰的是，在

公司最困难的时候，爱人一直很支持我，不管我做什么，只要在道理上讲得通，她就会义无反顾地支持我！从来没有半句怨言！"话语中能感觉得出王燃和他爱人之间的幸福和信任。公司名称的缩写"CWB"也很别出心裁：他爱人姓褚，他姓王，各取姓的第一个字母，B 则是粘结剂——Binder 的第一个字母，合起来就是 CWB，这是王燃的初衷也是他的本意。当然 C 也可代表 China，W 代表 Wang，B 还是 Binder 的第一个字母。一个是从家的角度出发，一个是从国的角度立意。家和万事兴，有国才有家，有家也才有国，不能说哪种解释更好、更高尚，只能说不同场合、不同角度、不同角色采用哪一个版本更妥贴！

3. 峰回路转　柳暗花明

爱人的支持加上王燃的坚持、韧劲和吃苦耐劳的精神，使他很快度过了难关。3 个月后，问题得到了很好的解决，市场也相应地打开了。在这个过程中，曾经合作过的、现在仍然是好朋友的刘岳军——现任无锡联洋玻璃纤维设备有限公司董事长给了他很大帮助。在这之后的两年内，王燃与无锡新菲玻璃纤维有限公司、常州舒佳复合制品有限公司以及广州、深圳的一些较小的玻纤公司建立了合作关系，市场渐渐打开。与他们的合作，让他在短短的一年时间里积累了短切毡生产设备和工艺上的各种实践经验，完成了理论到实践的飞跃。因为之前产品出现过问题，很多短切毡生产厂家只是抱着试试看的态度采用亨得利的产品，所以客户一旦出现了问题，首先第一个通知的便是王燃，他总是第一时间赶往现场，也第一时间帮助解决问题，虽然很多时候帮忙解决的都不是粘结剂的问题，他也没有半句怨言，甚至有些厂家使用的不是他的粘结剂，出现了问题，找他帮忙，他也二话不说就赶过去了！在这几

年间，王燃也遇到过钱财被骗、人身安全受到威胁等问题，其中辛酸只有王燃自己才能真正体会到。但是值得一提的是，王燃能够在第一时间帮客户解决除浸润剂之外的一些问题，还得归功于他在南玻院积累的十年，没有那十年的积淀，可以说就没有王燃的今天。对于这一点，王燃也深有同感，虽然从南玻院出来了，但是对南玻院，对曾经教育他、培养他的应用研究所，对所里的老师，他还是充满了感激和敬意！

机会对于每个人都是平等的，但成功只青睐于有准备和有头脑的人。好事也许真得多磨，经过3年的磨练，王燃所经营的亨得利开辟出了一条新航线，登上了法国圣戈班（去年被OC收购）这块新大陆。形势迅速地好转起来，王燃所经营的亨得利仿佛一下子从地狱回到了天堂。2005年圣戈班主动找亨得利做国内粉剂的供应商，并一下子签定了价值1.2亿的订单，但当时由于硬件条件跟不上，这笔单子没有能力全做。虽然订单没有全做，但是获得了与圣戈班这个全球玻璃纤维奠基者的合作机会，是难能可贵的，也是值得骄傲的一件事情！这不仅能使亨得利在经济上获得一笔不小的收入，解决多年困扰的资金问题，而且更是对王燃所经营的亨得利公司产品质量和信誉的肯定，这为公司市场的拓展和进一步发展打下了坚实的基础！2005年可以说是亨得利发展史上具有转折性意义的一年，也是王燃值得纪念的一年！

与圣戈班的合作，让王燃获得了很多宝贵的第一手资料，如一系列产品性能指标，明确而严格的结论以及亨得利产品性能好与不足的精确而严谨的数据等。随着产品质量的进一步提高，性能的进一步稳定，圣戈班加大了浸润剂采购力度，从2006年起，每年都有2000万的订单，并且在它的带动下，很多厂家纷纷主动前来采购。在这段时间，亨得利与国内玻纤行业三大巨头之一——巨石集团也建立了稳定的合作关系。

从2005年起，亨得利在技术上、市场上可谓是峰回路转，柳暗花明，一路走来一路歌。就是在当今席卷全球的金融危机的冲击下，它不仅没受影响，反而在一定程度上有助于它进一步开拓国际和国内市场。因为在产品性能方面，亨得利与日本花王和荷兰DSM不相上下，但在产品价格方面，它拥有很大优势，产品性价比极高，是金融危机下企业降低生产成本，提高抗风险能力的明智之选！峰回路转，转出"中国花王"，柳暗花明，明出南通亨得利高分子材料科技有限公司这一村！

4. 守业维坚　开拓进取

创业不易，守业也难。在某种程度上，或许守业比创业更难！创业体现的是艰辛，守业则贵在坚持，还需要不断地解放思想、开拓进取！创业的艰辛与苦楚，王燃已经体会过了，现在需要做的是，守住并不断向前推进他所创下的基业。人都是有惰性的，在取得一定成就之后，在人生价值得到体现之后，还能否像以前一样，不断地努力，不断地奋进，是亨得利能否做大做强的关键，尤其在科技进步、信息发达、分秒必争的今天，开拓进取，与时俱进势在必行！科研出身的王燃，在粘结剂技术、短切毡设备和工艺等实践方面已经相当熟悉，但在企业的经营管理方面还很欠缺，王燃自己也意识到了这一点，于是，他决定报考人文气息浓厚的中国人民大学的工商管理硕士即EMBA，努力准备了一番之后，顺利地考上了。"去年4月份开始上课，每堂课我都听得很认真，印象最深和感触最多的是一位教授说过，模式胜过盈利，模式建立起来了，不盈利都不行，在模式建立过程中，可能会损失一部分利益，但那只是暂时的！"王燃深有感触地说道，现在的他也正身体力行那位教授的格言。在研发方面，王燃也没有放松，亨得利跟南京大学、华东理工大学相关研究机构建立合作关系，加大科研开发力度，努力实现产、学、研一体化发展，以最快的速度将科研成果转化为生产力，不断开拓进取，促进企业发展。管理和技术双管齐下，两手都要抓两手都要硬，这是守业的关键，也是企业迅速发展的王道。

5年时间，王燃创办的亨得利已由一个初生的婴儿迅速成长为充满朝气和活力的年轻小伙，他所开发和生产的玻璃纤维短切毡用粉末粘结剂、玻璃纤维短切毡用乳液粘结剂性能稳定，适用于多种产品，且占据了国内粘结剂市场的60%，在国际市场上也有一定份额。目前他正在研发适合于生产风机叶片的玻璃纤维浸润剂，不满足于现状，与时俱进，锐意进取，这是王燃行事的风格，也是亨得利的精神和文化所在！

十年积淀，五年勃发，王燃——十五年造就"中国花王"！试想一下，再过十五年，王燃领导的亨得利会是什么样子呢？我们拭目以待！

（二）红旗渠畔火炬手

红旗渠之美，美在红色精神；太行山之美，美在绿色生态；山之灵在水，用心就能感觉到；山之魂在心，用心就能触摸到。在这样一个山美水美的地方，在洹河之滨，土生土长的太行山的汉子——李广元用他的智慧、胸怀、胆略演绎着林州工业时代中，传统产业转型升级的铿锵乐章。

1. 跬步至千里，小河汇江海

"干就干世界最先进的，最好的，要跑到国家和世界的前列。现在是市场经济，如果你搞不好，马上就把你淘汰掉了！"李广元以一个企业家的胆略和气魄，绘就了红旗渠畔经济发展的宏伟蓝图。骄人荣耀与辉煌业绩的背后，饱含着一个农民企业家充满曲折和艰辛的创业之路。

四十多年间，他将只有三盘简易锻造炉的铁匠铺发展成为一家集特钢、无缝钢管、电子玻纤新材料、国际贸易、文化旅游等产业为一体的大型现代化集团企业。他致富不忘家乡情，一心推动企业做大做强，成为推动林州企业经济发展和转型升级的代表人物。

林州有着悠久的工业历史，最早的冶金史甚至可以追溯到汉唐时期。2000多年的积淀造就了林州深厚的工业基础，冶金、装备制造产业在这片传承着红旗渠精神的土地上兴盛，一大批"林州制造"开始走向国际舞台。

然而，天有不测风云，进入2010年，全国钢铁行业步入前所未有的萧条期，林州众多企业也未能幸免。如何爬坡过坎？经济新常态下，钢铁产能过剩已是实实在在摆在眼前的课题，企业转型发展已成为传统钢铁行业的不二选择。

2. 转型升级，传统产业完美蜕变

李广元说：企业家最大的特点是创新和把握机遇，减少风险。眼光要与世界接轨，思想要与世界对标。干就干到最好。一个企业要在全世界市场中寻找自己的定位，要敢于向世界看齐！一个土生土长的山里人，能够有放眼世界的胸怀，这是何等难能可贵！

林州人做事看得远、想得大、干得硬。自2010年李广元就开始布局新项目。经过多方考察，一个偶然的机会，他了解到电子级玻纤是电子信息、航空航天等高端行业不可或缺的基础材料，用途非常广泛。于是他瞄准了电子

级玻纤项目，一石激起千层浪，从传统的钢铁行业涉足陌生的电子玻纤，那简直就是让人无法想象的"跨界"。跨领域的事能干成？转型的步子是否迈得太大了？

说干就干，2011年7月，李广元顶住各方压力，与回乡发展的儿子李志伟，注册成立了林州光远新材料科技有限公司（图6-77），立马敲定了总投资30亿元、规模为年产10万吨的电子玻纤纱和2亿米电子布的项目。此后，从项目征地到工程建设，从设备选型到点火投产，大、小李总都亲历亲为，逐一把关，确保了新项目的顺利达产。

图6-77　光远新材

在项目建设之初，公司就确定了建设行业标杆企业的目标。光远新材在一期电子纱项目建设过程中，从破土动工到点火仅用了12个月时间，创下了国内外同行业项目建设速度的新纪录，被国内外同行誉为玻纤行业的"林州速度"。李志伟先后当选为安阳市十二届政协委员、林州市十四届人大代表，荣获林州市十大杰出青年、红旗渠精神奖章等荣誉。

李志伟笃信，做企业有两件事非常重要：一是选好的项目，二是选好的人才。

一个企业的成功离不开人才的构建和优良的团队。为打造一个好的团队，李志伟到全国各地与企业专家和行业领导请教、商谈，盛情邀请他们前来林州指导或共同创业。功夫不负有心人，在中国玻璃纤维工业协会副会长张福祥的推荐下，以宁祥春为代表的国内一流玻纤行业的专家团队终于落户光远。通过对人才的层层把关，李志伟不仅为企业今后的发展奠定了坚实的基础，也彻底解决了制约项目发展的人才问题。如今，光远新材的中层干部中有四分之三是外地人，有100多位基层骨干来自同行业其他企业。宁祥春是他们中的杰出代表，在2016年被评为林州市杰出科技人才。

3. 工欲善其事，必先利其器

为了打造一条真正意义上的玻纤行业生产示范线，光远新材公司在中国玻璃纤维工业协会和南京玻纤研究设计院的鼎力支持下，斥巨资在国际顶尖公司中优选设备：日本岛津的拉丝机；法国vodel公司的捻线机；日本丰田公司的织布机；德国KarlMayer公司的前处理系统；日本平野的后处理系统；以色列艾尔伯特的在线监测系统等国际一流的先进设备，确保项目投产之初，产品质量就得到了业界同行的广泛认可和高度评价。

经过两年的筹备，2013年10月16日，李广元和中国玻璃纤维工业协会副会长张福祥举起火炬，点燃了光远的窑炉喷枪，宣告光远年产3.6万吨玻纤生产线点火投产。这个项目不仅填补了河南省池窑拉丝空白，还一举打破了欧美、日本等国外企业在该项目高端领域的垄断，产品广泛应用于电子信息、航空航天、现代交通、国防军工等高科技领域。

在投产典礼上，中国玻璃纤维工业协会副会长张福祥曾当众表示，虽然目前我国玻纤产量已经占全球产量的70%，玻纤纱出口量超过进口量，但产品的进口价格远远高于出口价格，这说明我们的产品结构和产品档次还落后于别人。根据国家有关部门制订的产业发展政策，行业协会曾经把林州规划为玻纤制造业的基地。光远新材电子玻纤项目的点火投产，可谓是2013年玻纤行业的一件大事（图6-78）。公司决策层有胆识，看得远，起步高，在装备技术和工艺选型方面紧跟形势，瞄准市场，全部采用具有国际一流水平的先进设备和技术，整条生产线可以说是目前玻纤行业标杆性的示范线。

图6-78 光远新材电子级玻纤项目点火投产

好的项目、专业的人才团队和高端的技术设备让光远公司得到了跨越式发展。光远是一年一个项目、一年一个台阶稳步发展，成为全行业产业转型升级的缩影和典型代表，被林州企业界称为林州工业转型发展的"光远速度"。

2013年10月16日年产3.6万吨电子级玻纤生产线点火投产；翌年3月，投资3亿元的4000万米电子布项目开工，当年12月20日项目投产；2016年5月，电子布二期项目开工，6个月后即达到投产条件。至此，光远新材仅用三年时间便完成了企业战略发展规划中的从电子纱到电子布的起步建设任务。

时间来到了2017年6月21日，在行业各界的瞩目下，安阳市委副书记、市长王新伟宣布光远新材三期年产5万吨电子级玻纤纱和8000万米项目正式开工，标志着光远新材在产业升级发展中又迈出了坚实的一步。项目的

开工建设是光远进一步优化产品结构、提升产品等级，增强竞争力和品牌影响力的重大举措，按计划预计2018年8月份光远新材三期项目投产，在光远新材创立五周年的纪念时刻，届时，将会真正见证光远成为引领行业创新发展的新生力量。

转得准、转得稳、转得好、转得快——光远正在用自己的华丽转身，抢占国际制高点。

4. 发展是永恒的真理，创新是企业的灵魂

有付出就有收获，光远从一期电子纱池窑点火投产至今已经四个年头。经过努力拼搏，克服了市场环境的低迷、行业竞争激烈等诸多的不利问题，在国内外市场建立了良好的企业口碑和品牌形象。不断完善正规化管理，积极引进专业管理咨询公司，结合公司实际情况，在人才培训、薪酬管理、营销战略等方面大胆改革，使企业面貌焕然一新。

2014年之前，超细电子纱的生产技术主要掌握在美国、日本等国家的企业手中，国内仅有少数企业能够进行超细电子纱生产。但是，光远新材的科技团队打破了这种技术垄断，他们加强科技攻关，研制的超细电子玻纤投入规模化生产。

功夫不负有心人，光远科技团队再接再厉，于2015年7月公司又推出4微米超细电子玻纤。超细电子纱产品各项性能均达到国内领先水平。产品推出后，织造的超薄电子布供不应求。在电子设备日益轻、薄、精的发展趋势下，超细电子纱、超薄电子布已走向世界，走进更多高端电子产品的内核，成为打上中国烙印的最强芯。

坚持诚信为本，打造光远品牌。光远成立初期就把"成为全球电子级玻纤行业最值得信赖的合作伙伴"作为企业发展的目标。计划用3~5年时间，把核心产品做精、做强，成

为国内外知名的专业化电子级玻纤产业制造基地。目前光远的产品已经达到国际先进水平，并凭借过硬的产品质量和诚信的经营理念，产品全部销往国内外高端客户，高端市场占有率居行业前列，并出口到欧美、日本、韩国和台湾等十几个国家和地区。

光远新材以自己的华丽转身抢占了产业发展的制高点，开启了行业绿色体系的新时代。转方式、调结构、完善循环经济产业链的效果已经初现，虽然前进的道路不会一路平坦，但每个光远人脸上都写满了希望。

5. 起步，就是与世界同步

世上无难事，就怕坚持。不忘初心，守住初心，干事创业才有激情、才有干劲、才有力量。"靡不有初，鲜克有终。"

第一年的起步，第二年的发展，第三年的世界同步，第四年的辉煌灿烂。四年时间光远人用自己的平凡业绩，造就了行业里的不平凡！

李广元讲，要坚持永不满足的创业心态，才能在转型升级的发展中做大做强。作为一个企业的负责人，要始终有转型升级的紧迫感。以永不满足的心态对待取得的成绩，真正做到创业、转型、再创业。企业转型是适应市场发展的必然要求。不转型升级企业就要被市场所淘汰。在转型升级发展中，我们面临一项新技术、一个新市场、一项新业务，只要是我们看准的项目和成熟的产品市场，需要的不仅仅是勇气，更要有做项目的专注和恒心。面对多元化的产业格局和多变的经济形势，我们需要一种持续创业的"归零"心态，以身先士卒的精神实现企业成功转型升级。

市场形势千变万化，转型升级永不会止步。中国正在转型进入后工业时代，几乎所有的产业都面临产能过剩，只有中国玻纤产业仍在稳中求进，同时大力推进产品结构调整和产业转型升级，在智能化转型升级的道路上，中国玻纤行业已经走在了建材工业的前列。

回顾林州历史，我们的惊讶就迎刃而解。20世纪60年代，林县人民在没有机械设备的情况下，仅凭一锤、一钎、一双手和敢为人先的大无畏精神，成功建造了举世闻名的人工奇迹——红旗渠，并孕育形成了自力更生、艰苦奋斗、团结协作、无私奉献的红旗渠精神。当代林州人正在把红旗渠精神进一步发扬光大。光远新材是一家朝气蓬勃、充满活力、富有想象力和创造力的企业。在充满挑战和希望的今天，他们秉承红旗渠精神，敢为人先，高标准起步，如今，无论质量和产量均居中国玻纤制造行业的前列。

俯瞰波澜壮阔的历史长河，河流永远是人类文明的孕育者、守望者、见证者。"遏横而入，逢善便击"，这条发源于林州的洹河源远流长，千百年来见证了青铜时代金戈铁马的史诗，同样也见证了工业化进程中光远新材工业转型升级化蛹为蝶的传奇！

美太行，源于转变，来自对红旗渠精神的传承，崭新的太行画卷正在展开！

图6-79　河南凤宝集团董事长　李广元（中间）

图6-80 林州光远新材料科技有限公司董事长 李志伟

第六节 设备制造紧跟国际各显实力

工欲善其事，必先利其器。玻璃纤维工业的迅猛发展与设备制造技术的先进水平休戚相关。十一届三中全会以来，在改革开放政策的引导下，国内多家机械设备厂通过与外商技术座谈、出国考察、技术引进和自主研发，掌握了较先进的新技术和新工艺，为我国玻璃纤维工业的蓬勃发展提供了强有力的设备保障。

一、中国智造——常州市第八纺织机械厂

玻纤行业比较有名的机械厂当数常州市第八纺织机械厂（图6-81）了，该厂于1984年投身于纺织机械行业，1995年与德国利巴纺机公司开展技术合作，电器技术与法国施耐德及德国伦次电器公司合作开发。常州市第八纺织机械厂至今已走过了三十三载春秋，其创始人谈良春先生始终以"顽强拼搏、艰苦创业、团结争先"作为企业的精神，以"尊重知识、以人为本、科技创业"作为企业的灵魂，现在第八纺织厂的产品已经不再仅仅局限于原有的国内市场，产品还远销美国、法国、德国、英国、越南、也门、印尼、香港等60多个国家和地区。

现在中国的纺织机械不再惧怕国外的技术封锁，中国人民的智慧是让外国人佩服的。拿常州八纺的产品来说，不仅荣获了"国家级火炬计划""国家级重点产品""全国纺织工业协会科技进步二等奖"等荣誉，还通过

大门

厂区

生活服务区

车间一角

图6-81 常州市第八纺织机械厂

了英国劳式公司的 ISO9001—2008 质量体系认证，公司组建和巩固了质量管理体系与组织机构，强化了质量管理和质量检验，产品走出了国门。

常州市第八纺织机械厂发展壮大以后，并没仅仅发展自己，而是把自己的经验和成绩与行业内共享，定期为用户和技术人员举办培训学习一条龙服务。他们谦虚、严谨、不骄不躁的工作作风值得同行学习借鉴。

常州市第八纺织机械厂生产的经编整经机系列产品，是配套经编机械前道整经工序使用的整经机械，都说"三分织、七分整"，整经质量的好坏直接影响到经编产品质量，而常州市第八纺织机械厂生产的经编整经机系列产品，质量稳定，控制精确，盘头纱线长度及张力均匀，对纱线毛丝及断纱能做好精确的控制，能保证经编织物的质量。

常州市第八纺织机械厂经编整经机产品　有：GE211、GE201、GE202、GE203、GE205、GE206、GE209、GE210、GE212、GE213、GE218、GE288 型双变频花梳整经机，GE207、GE208 织带整经机，ASML88 倒角机等。产品图片如图 6-82 ～图 6-86 所示。

配件有普通纱架、各种支架、自停装置、张力器、罗拉，另外还有各种贮纱装置、张力传感、毛丝检测仪、倒角机等，如图 6-87 ～图 6-93 所示。其中，整经机部件张力器获得国际专利博览会金、银两项大奖。GE203 还被评为江苏省优秀新产品，列入国家级火炬计划项目及科技部火炬计划 15 周年优秀项目，并获得国家科技部创新基金。GE209 还被评为江苏省火炬计划项目。

图 6-83　GE2M-2 多轴向经编机

图 6-84　GE2S-2 双轴向经编机

图 6-85　GE210 型整经机

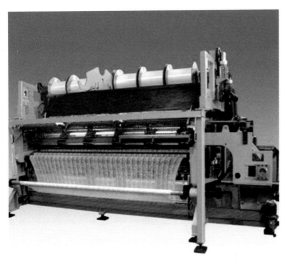

图 6-82　GE2EF41/20 多梳栉花编机

图 6-86　弹性(氨纶)纱线整经机

图 6-87　普通纱架

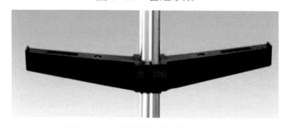

图 6-88　塑料双臂式筒子支架

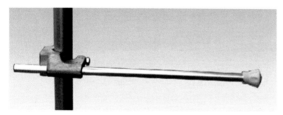

图 6-89　直杆式筒子支架

图 6-90　铝双臂式筒子支架

图 6-91　照相自停　　图 6-92　吹风自停　　图 6-93　断纱自停

三种型号液态阻尼补偿张力器产品如图 6-94 ~ 图 6-96 所示，三种形式的罗拉如图 6-97 ~ 图 6-99 所示。

图 6-94　YZZ-V 型　　图 6-95　YZZ-IV 型　　图 6-96　YZZ-III 型

图 6-97　何眼控制罗拉　　图 6-98　衡张力罗拉　　图 6-99　平衡罗拉

二、润源经编打造高端产业用纺机产品集群

常州，位居长江之南、太湖之滨，素有"季子故里、现代装备制造城"之称，润源经编机械有限公司便坐落于此。润源经编机械有限公司创建于 2002 年，是国内专业从事经编机械的研发、生产、销售与服务的国家级重点高新技术企业，根植于国内品牌，致力于打造国际品牌，提倡科技创新发展，是国内经编机械制造领域发展最快、品种最全、规模最大的企业之一。公司拥有卧式加工中心、高精度数控机床等研发设备，配备了高精度三坐标测量仪、现场动平衡仪等检测设备，已经具备年产 1000 台高档经编机的能力。

公司建有市级认定企业技术中心，先后承担了各类科技项目 11 项，其中省部级以上项目 6 项；已通过 ISO9001：2000 质量体系和

14000 环境体系认证；拥有 3 只省高新技术产品；已申请各类专利 65 项，获授权 19 项；制定了两个行业标准；荣获省部级科技进步二等奖两次，三等奖一次，市二等奖一次；先后被评定为新标准高新技术企业、江苏省百家优秀科技成长型企业、江苏省科技型中小企业、常州市创新型试点企业、常州市高成长型中小企业，"润源"商标被评为常州市知名商标。

1. 适应复合材料行业发展需求，成功研发多轴向经编机，危机中占领制高点

席卷全球的金融危机已严重影响到实体经济的发展，润源经编成功研发并打开市场的多轴向经编机，为企业赢得了良好的发展机遇。多轴向经编机主要用于编织以玻璃纤维为主要原料的增强型复合材料，其织物具有良好的力学性能和性价比（图 6-100），广泛应用于风力发电、航空航天、建筑工程、国防军工等产业领域。

多轴向经编机集机、电、仪、气、网络技术于一体，目前只有德国利巴公司的 Copcentra 和卡尔迈耶公司的 Malimo 两种机型，他们以近 1000 万元人民币的高价垄断了该领域世界市场。我国对多轴向经编机只停留在研究阶段，制造领域更是长期处于空白状态，同时因为该类设备可用于制造军品，因此欧盟对进口国有严格的配额限制，使我国产业用纺织品的生产受到了极大的约束。

2004 年公司首次成功研发国内第一台全电脑控制缝编机，一举打破国外经编机制造业发达国家在纺机制造高端领域的垄断局面；2006 年公司自主研发了 RSJ43/1 多梳数控提花经编机，先后被列为国家重点新产品、国家火炬计划，并获得江苏省科技进步三等奖，公司近几年不断完善多梳栉经编机系列产品，市场份额占据行业领先地位；2008 年，公司再

次打破神话，在国内首次成功研发全电脑控制的多轴向全幅衬纬经编机，先后被列为 2008 年度江苏省科技支撑计划、2010 年度国家火炬计划等，为推动我国玻纤复合材料的自主生产作出了巨大贡献；2009 年，公司相继推出双轴向经编机、电子提花无缝成型经编机等，其中双轴向经编机被列为国家重点新产品；2010 年，RS4EL 电子横移高速拉舍尔经编机和 RSJ4/2F 双贾卡压纱电子提花经编机双双通过省部级鉴定。

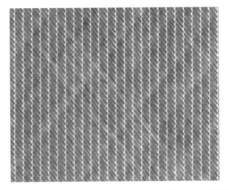

图 6-100 多轴向织物特点：抗拉强力高、弹性模量高、悬垂性好、剪切性好

2. 瞄准"十一五"纺织行业纲要重点，隆重推出智能化控制双轴向经编机

国际上使用的双轴向经编机主要有 LIBA 公司的 COP-HS2-ST 和 Karl Mayer 公司的 RS 2(3) MSUS。由于双轴向经编机从设计到加工到装配都有极高的技术含量和技术难度，因此国际市场上长期被少数企业以高价垄断，国内双轴向经编机制造领域始终处于空白状态，长期依赖进口，每年有数亿元人民币流入国外。

润源经编机械有限公司研发的国内第一台 RCS 双轴向经编机（图 6-101）于 2008 年 5 月获得成功并推向市场，该机由一个纬纱衬入装置和一台经编机组成，采用了 PLC 可编程技术、全电脑控制衬纱铺设技术、电子式积极送经技术、电子式牵拉卷取技术、多连杆式推

纬技术等先进技术，该技术的成功研发对调整产业结构，提高民族纺机装备水平具有十分重要的积极意义。

图6-101　RCS双轴向经编机

3. 打造润源品牌特色，形成高端产业用纺机产品集群

润源经编机械有限公司今后将以《纺织工业调整和规划》要求为重点，进一步提高自主创新能力，加快产业用纺织品机械的开发和产业化，如应用于军事领域的防弹衣设备、应用于医疗卫生事业的人造血管经编机等的研发。重点发展以宽幅高强工艺技术为主的土工格栅、土工布、风力发电等多功能复合材料，积极打造润源品牌特色，形成高端产业用纺机产品集群，为提升民族纺机装配水平，提高民族纺织设备的国际竞争力，振兴民族纺织事业作贡献！

三、其他机械厂的发展

说起对中国玻璃纤维行业发展起巨大推动作用的机械企业，就不能不说说洛阳建材机械厂，这个厂已经有40多年的发展历史了，是国家生产玻璃纤维机械成套装备的重点骨干企业，产品有各种型号的玻璃纤维捻线机、剑杆织机、一次整经机和玻璃台布后处理机组，其中，150B－Ⅱ型捻线机荣获了1993年国家著名博览会金奖。该厂曾经与南京玻纤院共同制定了我国第一个玻璃纤维捻线机行业标准，开发了池窑拉丝生产线上使用的短切原丝机

组、卷装量达5公斤的大卷装捻线机等，有力促进了玻纤机械市场的发展。

在设备方面做得出色的除了常州第八纺织机械厂，还有常州市培星纺织机械制造有限公司、杭州奇观机电有限公司、江苏常州金坛市第二纺织机械厂、无锡先达纺织机械厂等。

常州市培星纺织机械制造有限公司是1995年转企，曾是东华大学技术合作单位，培星机械是全国最早设计制造锭子、钢领的专业机械厂，有30多年的生产历史，有18个系列，100多个品种，规格齐全，生产品种规模曾居全国之首。生产的产品工艺精湛、技术先进，是中国纺机专件重点骨干企业。

杭州奇观机电有限公司建于1989年，是一家专门从事纺织机械及配套件制造的生产科研型企业，浙江大学纺织科研基地之一。公司生产的玻纤织机、剑杆织机等六大系列产品畅销国内各地，尤其是玻纤织机已被浙江巨石集团、杭玻集团、安徽丹凤集团、山东胜利油田玻纤分公司、金牛能源、银河玻纤、泰山股份、四川威玻、四川华天玻纤等一大批知名企业选用。

江苏常州金坛市第二纺织机械厂建于1957年，具有一条从设计、模具、铸造、金加工、总装至调试一条龙的现代化生产线。其生产的玻纤专用剑杆织机，规格从1.35米至4米范围内，适应织造斜纹、玻纹、缎纹、平纹、方格网布、绞织布、电子、风筒布及各类基布和光电布。产品型号及形状如图6-102～图6-105所示。

图6-102　JZ-768型绞织剑杆织机

图6-103　GA747-A型玻璃纤维剑杆织机

图6-104　GA747（138/150）玻纤机

图6-105　GA747-B型玻璃纤维剑杆织机

无锡先达纺织机械厂是国内最早开发生产无梭织机织轴、高速整经机经轴、经织轴储存库及各类配套辅机的专业工厂。十多年的生产实践，使制造工艺更趋完美，部分产品出口国外。

第七节　小结

进入2000年后，随着"八五""九五"

攻关成果及一些先进技术的推广应用，改革开放格局的形成，我国玻璃纤维工业进入了一个龙腾虎跃、高速发展的时期。中国产能增长在2001年、2002年进入高峰，达到42%和45%的增速，成为全球玻纤产能增长的主要动力，随后的2003—2006年增速减缓，维持在24%～32%之间。由于生产壁垒、2007年初行业准入条件的颁布以及国内寡头垄断格局的形成，产能依然保持平稳增长。

进入21世纪以后，随着玻璃纤维池窑拉丝工艺的迅速发展，我国玻纤行业取得了可喜的成绩。不但产品品种增加很快，而且玻纤总产量、池窑总产量也得到大幅度提高。2003年，我国玻璃纤维产量已跃居世界第二位，达到47.3万吨；2007年达到160万吨，成为世界玻纤产能第一大国；2008年我国玻纤产量达到235万吨。从1998年到2008年这十年，玻纤产量年平均增长达到30.5%。

受2008年8月金融危机的影响，2009年玻纤产量下滑至205万吨，但池窑拉丝玻纤产量依然占玻纤总产量的80%以上，我国完成了玻纤行业向现代大规模池窑工艺的战略转移。

在这个战略发展的关键十年，玻纤企业获得了不同程度的大发展。泰山、巨石、重庆复合三大领航企业在这十年中发展速度最快、产能扩张最为迅猛，领航地位更加巩固。其他的一些大中小玻纤厂也充分利用这十年，掀起了玻纤热的风潮，取得了不同程度的进步，玻纤行业首次出现百花齐放、百家争鸣的宏大场面。

行业进步，设备先行。玻纤设备制造企业通过消化、吸收、改进，将玻纤设备的技术水平推上了一个新台阶，助力了玻纤工业的发展繁荣，与玻纤企业一起舞动乾坤。

第七章
腾飞中国龙（2009至今）

第七章

腾飞中国龙 (2009至今)

　　中国玻纤，任凭风云掠过，坚实的脊背顶住了半个世纪的沧桑，从容不迫。中国玻纤，激流勇进，惊涛骇浪拍击峡谷，涌起过多少命运的颠簸。大漠收残阳，明月醉荷花，玻纤画卷上多少璀璨的星光还在熠熠闪烁，那里有一代代玻纤人的坚定执着，那里有一个个攻坚克难的技术突破。昨天，中国玻纤是昂首高吭的雄鸡，唤醒拂晓的沉默，是威风凛凛的雄狮，舞动神州的气魄；今天，中国玻纤是冲天腾飞的巨龙，叱咤时代的风云，舞动在世界苍穹，把住新世纪的航舵，用效率，用实力，创造震惊世界的奇迹。中国玻纤，永远充满希望，永远朝气蓬勃！

第一节　"十二五"引航中国玻纤业

"十一五"时期，我国玻璃纤维工业以市场为导向，加快发展速度，行业规模、产品质量、工艺技术等都发生了质的飞跃，2007年已完成"十一五"规划的产量目标。"十二五"期间，玻璃纤维行业将在现有基础上，继续走科学发展之路，发挥现有池窑产能，完善提升池窑技术，重点发展玻纤制品加工业，引领行业实现科学、持续、健康发展。

经过改革开放30多年的发展，尤其是进入21世纪以来的迅猛飞跃，我国玻璃纤维工业有了长足的进步，中国已成为世界玻璃纤维第一生产大国，在国际上有着举足轻重的地位。但是，玻纤产业的发展仍存在一系列深层次的问题，我国玻纤行业依旧面临严峻挑战，责任重大。

玻璃纤维行业"十二五"的战略布局，正是建立在面向国情的现实基础之上的。鉴于此，玻纤"十二五"的战略规划，直面行业最核心的难题，确定未来一段时间最重要的战略性任务：根据国内外市场变化，全行业进行战略结构大调整，从以发展池窑为中心转移到完善提升池窑技术、重点发展玻纤制品加工业为主的方向上来；深化制品加工，大力开发产品应用领域，延伸产业链；强化自主创新能力，继续提高技术、工艺、装备水平，瞄准国际玻纤高端产品；实施走出去战略；全面提高企业管理水平和综合竞争力，力求全行业实现科学、可持续发展。

一、调控与市场相结合

经济全球化的继续深入发展和科技进步，将继续推动世界经济增长。新能源、节能环保等绿色产业有望形成新的经济增长点。国家统计局发布的国民经济主要指标数据统计显示，国民经济继续朝着宏观调控的预期方向发展，经济向好的势头进一步巩固，工业生产保持较快增长，消费、投资、进出口三大需求也保持较快增长。种种迹象表明，中国经济增长动力依然强劲。

在国家产业政策的宏观调控下，玻璃纤维行业由企业数量多、规模小、过于分散的局面，发生了根本性的转变，部分大中型企业通过资本扩张、资产重组、技术改造、新产品开发等，扩大了企业规模，提高了市场竞争力。中小企业经过体制改革和转变经营机制，加入了专业化的玻璃纤维制品深加工大军，形成了中国玻璃纤维工业国有控股企业占主导、民营企业有力支撑的合理格局：巨石、重庆国际、泰山玻纤三大企业三足鼎立，陕西华特等中型企业迎头赶上，市场竞争机制的引入和完善为中国玻璃纤维的健康发展提供了强大动力。

二、减少出口　扩大内需

"十二五"期间，国民经济持续快速发展，对玻璃纤维的需求不断提高，原有玻璃钢、电绝缘等传统应用领域用量不断增加，工程塑料、建筑领域、基础设施、环境保护方面对玻璃纤维及制品的应用成为新的增跃点。全行业努力满足国内需求，减少出口比例，促进国内玻璃纤维复合材料制品发展。

1.国内主要应用市场需求预测，见表7-1。

2.国内玻纤出口：100万吨。

3.国内玻纤进口：20万吨。

4.国内外需求总计：320万吨。

表7-1　国内主要应用市场需求预测表

产品	需求数量/ 万吨	产品	需求数量/ 万吨
玻璃钢	90	代替石棉	—
电子、电路	30	过滤材料	—
工程塑料	30	耐热材料	20
防水材料	10	增强橡胶	—
建筑领域	10	其他	—
土木材料	10	小计	200

三、不断创新　勇于进取

中国玻纤业从诞生以来，就一直在不断努力地创新发展，时至今日，创新依然是行业向前发展的源动力。

重点要解决的技术关键有以下几个方面：

1. 以节能降耗为中心推进企业技术改造，进一步提高并推广先进池窑拉丝技术。

①使E玻纤池窑平均规模提高至5万吨/年。

②池窑全部采用纯氧燃烧和电助熔等节能新技术，使池窑产纱单位耗能降至0.6吨标煤吨纱。

③扩大池窑拉丝生产纱的规格、品种、增加产业织物用纱和细纱的比例。

④推广多孔拉丝技术，提高漏板的选材和设计水平，使行业平均铂金单耗量降至0.8g/吨纱以下。

⑤采用先进技术，稳定提高玻璃球质量，发展无砷、无硼、无氟、无碱玻璃球，改造提升坩埚法生产工艺及装备水平。

⑥提高并推广三废治理先进技术，提高资源综合利用率；

2. 提高浸润剂和涂覆处理技术。

①浸润剂方面，要针对玻纤增强复材品种及工艺的不断发展，配合玻纤纱不断扩大品种形成系列。还要满足一些个性化需求。另一方面，要加强应用基础研究，选择稳定高品质的原料，不断改性和提高浸润剂质量。玻纤企业应力求有自己独有的浸润剂配方。

②涂覆处理方面，要适应使用要求，不断扩大选用或改性处理剂和粘结剂。同时要不断提高涂覆技术和装备，包括粉末、溶液、热熔浸渍、刮涂、覆膜等，以保证涂覆质量、效率和环境友好。

③开发玻纤纱及织物的着色技术。

3. 开发性能更好的玻璃纤维品种。

重点开发包括比传统E、C玻纤具有更高模量和强度，更耐酸、碱侵蚀，更高耐热，更好介电性能（低、高介电）等玻璃纤维，提成无砷、无硼、无氟成分，从配方设计、原料选择、熔化和成型技术等多环节解决，还要实现环境友好、规模化生产，具有较优性价比。

4. 加快新标准制定和老标准的更新提高。

加快技术标准的提升和新产品标准的制定，有利于规范行业，推动新产品的开发和应用。可以直接引用国际先进标准和进一步完善标准体系，调动行业各种积极因素，加快此项工作，达到新产品批量生产前就有标准，不断提高产品标准中的内在和应用性能指标，使我国玻璃纤维产品标准达到国际先进水平。

5. 深化制品加工、开发更多新产品。

①对于传统大宗的机织和无纺织物，如网布、电绝缘用布、短切毡等产品，要提高品质、开发系列产品，满足用户新需求。

②充分发挥针织物作为增强基材在方向性和复合性方面的优势，在现有开发基础上，力求优质规模化生产，达到满足国内需求。

③积极开发玻纤与天然、化学、金属和碳等纤维的复合性纤维以及复合织物，以满足更好的耐热、增强、电绝缘性和加工性的要求，要注意工艺和装备的合理配置，实现规模化

生产。

④组织攻关，努力实现预浸渍产品的优质规模化生产，包括高性能、高工艺性的纱线和树脂以及高精度、高控制水平的浸渍工艺和设备，以满足风电、航空、运动、交通各领域高级复合材料的需求。

⑤积极开发编织、簇绒和预成型新的玻纤增强基材。

⑥为稳定提高玻纤制品的质量和生产效率，必须注意高水平专业纺织和制品设备的选取、开发和不断更新，不断提高高水平设备国产化率。

6. 开发玻纤制品应用领域。

根据玻纤多为复合应用的特点，针对应用环境和玻纤特性要努力开发应用技术，不断扩大玻纤应用范围。

①耐热领域，要从制品结构形式和涂层处理技术两个主要方面，更好满足高温设备（各种工业炉及焊接）的隔热，建筑和工业民用防火，热风管道的减震连接等需求，要提高耐热、耐火等级，开发多种形式制品方便使用，还要注意为摩阻性、密封性复合材料提供优质增强基材。

②开发多种优质玻纤增强建筑材料，主要有四类产品：

Ⅰ.玻纤湿法薄毡要致力提高质量，突破在屋面材料等防水领域和增强地板的应用同时，还要积极开发增强石膏板和增强木质板材的应用。

Ⅱ.积极配合玻纤增强菱镁、石膏、硅酸钙、水泥等胶凝新型建材的扩大应用。

Ⅲ.努力扩大玻纤作为纺织建筑材料的应用，包括膜材、遮阳板、墙布等装饰材、粘贴和格栅、封条等辅助增强材等。

Ⅳ.开拓多轴向织物在建筑领域的应用。

作为新型建材使用的玻纤制品必需坚持在稳定优质基础上降低成本，还要积极帮助解决应用技术，以追求更好的效果。

③满足增强热塑性塑料基材对玻纤的需求。

④适应能源、交通、建筑等领域对玻纤新品种的需求。

⑤充分发挥玻纤特性，不断改进产品性能，为促进制造业现代化和工业环境治理服务。

7. 巩固国际市场，全方位参与国际市场竞争。

①提高企业国际竞争力，培育国际化企业，鼓励到境外办企业。

②及时分析出口形势，实行出口市场多元化。

③不断改进出口产品及服务质量，注意满足国际新产品需求，巩固国际玻纤市场价额。

④完善出口退税政策，不断调整出口产品结构。

第二节　中国玻璃纤维行业国际地位大提升

一、国际竞争格局的形成

随着中国玻纤企业的崛起，目前玻纤行业竞争格局已从原先 OC、PPG、圣戈班等跨国公司寡头垄断转为美国、欧洲、亚洲三足鼎立的竞争共存局面，行业区域集中度有所下降。2010 年，全球玻纤产量分布如图 7-1 所示，该数据由中国行业咨询网研究部汇总整理。

玻纤产业链中，玻纤生产及供应市场还处于寡头垄断格局。OC、巨石集团、重庆国际、PPG、泰山玻纤、Johns-Manville 公司等前六大企业仍占据全球 70% 以上的玻纤产能。玻纤制品及玻纤复合材料由于应用领域广泛，品种规格多样,世界范围内的生产企业数量很多,各企业根据市场需求发展产品,形成充分竞争的格局。目前,玻纤制品及复合材料领域的大型生产企业有 OC、PPG、Johns-Manville 及芬兰 Ahlstrom。

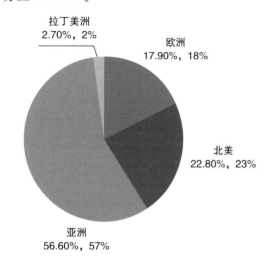

图 7-1　2010 年世界玻纤产量分布

中国玻纤工业发展速度远高于世界平均水平。2001—2010 年,国内玻纤产能年均复合增长率近 30%,而同期世界玻纤产能年均复合增长率为 7% 左右。中国企业的累积市场份额在 2002—2010 年间增加了 25 个百分点,2010 年达到 38%,中国成为世界规模最大的玻纤生产国。2008 年,巨石集团玻纤产能超过 90 万吨,跻身世界前三甲,打破了过去由 OC 公司、圣戈班公司及 PPG 垄断世界玻纤市场的传统竞争格局。

国外玻纤巨头也加速整合,2007 年 OC 公司收购圣戈班公司复合材料业务并组建年生产能力超过 130 万吨的 OCV。

二、国内竞争格局

我国玻纤行业近年来发展迅猛,目前我国玻纤及其制品生产、出口规模均已占据世界第一,并在浙江、江苏、山东、重庆等地区形成了产业集群,行业集中度高。

我国玻纤行业竞争格局与世界竞争格局既有相似之处,亦有不同之处。相似之处是玻纤纱生产及供应处于少数几家大型企业垄断竞争局面。池窑产量高度集中,且占玻纤行业总量的绝大部分比重。2010 年我国玻纤行业全年累计生产玻纤纱 256 万吨,同比增长 24.9%;前十一个月主营业务收入 792 亿元,利润总额达到 59 亿,同比增长 143.1%。其中池窑产量 217 万吨,同比增长 31.5%,池窑产量约占玻纤纱总产量的 84.8%。2011 年 1—7 月我国玻纤行业累计产量 213.0413 万吨,同比增长 20.19%。

在玻纤制品及玻纤复合材料领域,国内生产厂家众多,在产品细分市场竞争充分。与世界竞争格局不同的是,国内玻纤企业在玻纤制品及玻纤复合材料产品领域生产规模普遍较小,大型池窑企业在制品深加工领域优势地位不明显,能生产特色、高端玻纤制品及玻纤复合材料的企业较少。与发达国家玻纤下游产业发展相对成熟、集中度高相比,国内玻纤应用领域开发不足,玻纤企业普遍不愿承担高昂的市场开发成本。金融危机前,世界玻纤需求猛增致玻纤纱利润较高,玻纤企业延伸产业链进行制品深加工动力不足。

三、国际玻纤市场向中国倾斜

世界玻纤行业市场化程度很高,玻纤企业在各自产品市场上充分竞争。全球范围内的市场竞争带来行业资本、技术、人员等资源要素的迅速流动。由于中国玻纤企业具有相对低廉的人力成本优势与资源优势,近年来世界主要玻纤生产国美国、法国、日本等都逐步减少本土的玻纤产能扩张步伐,产能扩张向中国转移。近年来,OC、PPG 等公司均已在中国设立生产基地。

2010 年,我国玻璃纤维产量达 256 万吨,出口量为 121 万吨,进口量为 25.7 万吨,2010 年我国玻璃纤维消耗量为 126.48 万吨。经济危机以来,玻纤出口大幅下滑,在国内汽车、管道和轨道交通的带动下,国内玻纤消耗量仍然保持较快增长,年增长率达 15%,一定程度上填补了外销市场的空缺,形成了以内养外的局面。

四、国内玻纤市场蓬勃发展

（一）玻纤市场持续向好 机遇与挑战并存

1. 市场行情短期向好,玻纤纱如约涨价

2008 年金融危机之前,中国玻纤业对出口依赖度很大,玻纤出口比例一度高达 68%。然而随着金融危机的爆发和国际市场需求的减弱,综合竞争优势并不突出的中国玻纤产品只能依靠降价来争取和维持国际贸易订单,一时间产品价格迅速下降。其中 2009 年无捻粗纱出口均价仅为 840 美元 / 吨,与 2008 年相比下降了 23.1%。然而"薄利"不但没有实现"多销",而且还给了竞争对手提请反倾销诉讼的借口。虽然各反倾销案件的仲裁税率都还算理想,但事件本身就已宣告了低价竞争策略的失败。在国际市场低价竞争遇阻的同时,国内能源、运输供应紧张和劳动力、原材料价格攀升的问题也逐步凸显,中国经济的生产成本优势正在快速流失,企业生产经营压力进一步加重,产品低价销售已经难以为继,尤其是一些坩埚拉丝企业,产能纷纷萎缩。

如果说生产成本增加和吸取反倾销教训

是原纱涨价动力所在,那么国内市场需求的短期旺盛和国际市场的快速升温,则为原纱提价做好了铺垫。2010 年国内玻纤用量同比增长 27.8%,2011 年延续了这一增长势头,而在国际市场方面,3 月份单月玻纤及制品出口 12.56 万吨,创造历史新高。因此春节过后,巨石集团如约提价,泰山玻纤等企业紧随其后,原纱价格一路攀升,其中仅 4 月份无捻粗纱出口均价环比就上涨 4.52%,但原纱价格水平与危机前仍有一定差距,而且,至今仍未恢复到危机前水平。

2. 玻纤下游企业面临经营压力,池窑产能扩张呈现相对过剩局面

原纱提价对于巨石、泰山等企业缓解经营压力和避免招致更多的贸易反倾销诉讼有利,但却给广大的下游制品加工企业带来了更大的经营压力。因为我国玻纤增强塑料工业发展相对滞后,技术装备水平落后,企业进入门槛偏低,造成产业集中度不高,大型企业集团数量寥寥,因此企业想要提高制品价格,将涨价的成本转移出去,无疑将会面临很大的市场风险。原纱价格的上涨使得那些定位玻纤制品深加工,专注于玻纤下游制品市场开拓的企业,不得不重新思考和规划企业的未来发展。因为他们发现自己不拥有原纱生产基地,企业的制品深加工发展将受到很大牵制。一些本就拥有池窑生产线的制品加工企业,纷纷重新考虑制定池窑建设和扩产计划。就目前初步掌握的情况来看,不算冷修窑的产能,仅在建和筹建的池窑数量就有十几座之多,产能已超过 50 万吨。

随着国内能源环境和劳动力成本的不断提高以及国际贸易环境的日趋复杂化,国内建设池窑的黄金时期其实已经过去。如今的池窑扩产,应以市场需求为导向,避免低水平的简

单重复建设，以免造成部分原纱市场的产能过剩。同时各大原纱生产企业在涨价的同时，更应该加强技术改造和做好质量管理，不断提升产品质量水平，做好与下游制品加工企业的沟通服务，满足企业的差异化需求。另外行业上下游企业间也可以通过兼并重组或建立合作联盟，从而实现资源整合，优势互补。一方面要适当控制原纱产能，避免盲目扩产造成社会资源浪费，另一方面也要通过原纱质量的提高及上下游企业间的沟通合作，来促进下游制品深加工业的健康发展。

3. 原纱提价对制品深加工业发展是挑战，也是机遇

近年来中国玻纤工业获得飞速发展，池窑技术不断完善，原纱产能和产业集中度不断提高，综合竞争力显著增强，但玻纤制品深加工发展则相对缓慢。这其中既有行业准入制度执行不力、产品标准修订滞后、研发知识产权保护不力等行业外部监管的问题，也有制品加工技术装备落后、企业进入门槛偏低、产业集中度不高等行业自身存在的问题，结果导致假冒伪劣产品横行，低价恶性竞争时有发生，玻纤制品深加工难以获得健康发展。

随着我国市场经济发展道路的确定，尤其是近年来随着经济水平的不断提高和企业生产经营成本的快速增加，优化资源配置、提高资源利用效率的市场经济法则正在发挥着越来越重要的作用。因此企业要生存和发展下去，就必须要学习和遵循市场经济法则。原纱提价，对制品深加工业来讲，既是挑战，也是机遇。在成本压力的推动之下，有实力的企业不断地挖掘自身潜力，通过改进生产装备，强化管理，提高生产效率并降低能耗水平，来适应市场经济发展的要求，而那些技术装备水平低下，企业经营管理不够完善的企业则将逐渐失去生存

的能力和价值。通过优胜劣汰，提高生产集中度，真正有竞争实力的企业将得以保存并获得更大发展，玻纤制品深加工业也将由此迈上新台阶。

4. 先进装备助力制品深加工业快速发展

科学技术作为第一生产力，在推动经济和社会发展中起着决定性的作用，是先进生产力的集中体现和主要标志。生产力是一个由劳动者、劳动工具与劳动对象以及劳动过程的组织管理等各种要素组成的复杂系统。某一时代特定生产力的先进性质要通过系统中每个要素的先进性质反映出来。通过不断创新和使用先进生产工具，并由此促使劳动者由"体力型"向"知识型"转变，从而标志着生产力的先进程度提高。而作为新兴行业的玻纤及制品加工业，其行业生产力的提高尤其要依赖工艺技术及相应机械装备等的创新和应用。

江浙地区是我国玻纤行业重要的玻纤装备生产基地。萧山天成、常州润源、常州八纺机、浙江万利等一批企业通过多年的不懈努力，已经逐步缩小了与世界先进玻纤装备企业之间的差距。这些企业在装备上面的创新发明，无疑将助推我国玻纤制品深加工业的快速发展。相信通过装备升级改造，企业将快速提高生产效率，降低能耗水平，提升产品附加值，从而实现产品升级换代并获取竞争优势，而整个制品深加工业也将获得快速发展。

5. 借新材料之势，叶蜡石结缘玻璃纤维

2011年12月18日，浙江磊纳微粉材料有限公司年产30万吨微粉项目投产庆典（图7-2）在杭州上虞隆重举行。应邀前来参加庆祝活动的有来自包括国内三巨头在内的众多玻纤生产企业的老总以及行业和地方政府的领导。玻纤行业知名企业齐聚一个供应商的投产仪式上，在业界并不多见。

图7-2　庆典仪式现场

浙江磊纳与玻纤行业的渊源，源自一种叫叶蜡石的矿物。在上虞市上浦、梁湖一带广泛分布着一种灰白的石头矿物，统称为叶蜡石。一直以来，叶蜡石的利用以简单的雕刻加工为主，并无太大的工业价值，既无规模，附加值也不高，完全是藏在深山人未识的状态。随着二十一世纪的到来，节能环保和新材料的发展成为时代主流，玻纤工业作为新材料中的一支，得到了迅速发展。由于叶蜡石具有质地细、柔软脂润，机械加工性能良好，粉末色白，吸油率高，遮盖率好等特点，广泛应用于玻纤原料、耐火材料、水泥、墙地砖等工业和建筑行业。叶蜡石终于千锤百炼出深山，从默默无闻，成为被广泛关注的资源矿藏。2010年，浙江磊纳微粉材料有限公司正是看到叶蜡石与玻纤工业的前景，投资一亿元人民币，开展叶蜡石深加工及相关领域的技术研发。

叶蜡石在玻纤领域的应用，除了归功于叶蜡石良好的理化性能，还必须依靠先进的工艺。浙江磊纳建厂伊始，就把目标瞄准玻纤领域的高端市场和龙头企业。公司现拥有3台机组，年产30万吨叶蜡石微粉生产线，相当于玻纤行业池窑法生产用量的25%，生产规模一跃成为全国叶蜡石微粉生产经营企业前三名和E玻璃纤维用叶蜡石微粉制造商之一。

浙江磊纳重视建设一支高素质的研发团队，并和最优秀的科研院所建立紧密的技术合作，初步建立起比较完善的科研开发体系和质量控制体系，拥有行业领先的生产工艺和装备。磊纳总经理何中华先生自豪地介绍，他们的微粉产品能够集中供应于大型龙头玻纤企业和高端玻纤应用，得益于磊纳微粉独特的配方和工艺技术。

天然叶蜡石矿石所含成分参差不齐，其中不乏有害成分，这些必须通过工艺技术配方加以剔除、控制，达到指标要求。浙江磊纳拥有一套完整的工艺技术和质量管理体系：矿石预均化、粒子掺散均化和微粉气能喷雾均化相结合的三充均化体系，立式高压干法粉磨技术、独特的强磁净化系统……保证了微粉窄径值分布、有效控制了产品的水分含量，让有害成分的含量减少到最低程度，并且各批次品质稳定，远高于行业标准。这些特点能够为用户企业的产品质量提供稳定可靠的保障，大大减少安全生产上的成本。

经过权威专家鉴定，由于磊纳微粉采用以BPL技术为核心的高密相气力输送系统，使用户实现降低产品能耗10%。更重要的是，其空气排放二氧化硫含量远远低于使用国际同类产品。节能、环保、高效使磊纳微粉在同类产品中享有15%的溢价优势。

2010年6月浙江磊纳成立之初，就确定了发展高端产品，服务龙头企业的思路，产品研发中即与国际玻纤巨头美国OCV建立紧密联系，产品样品多次送OCV美国总部反复检测，产品的批次稳定性得到了OCV充分的认可。2011年3月18日正式投产的磊纳微粉第一批产品即被OCV包销，并签订了每年8万吨的供货协议，相当于浙江磊纳总产量的三分之一。与OCV的合作，除了使浙江磊纳在创业之初就得到了国际巨头的稳定订单，更督促他们以更高的标准来要求自己。继 OCV 之后，中国玻纤、泰山玻纤、重庆国际、忠信玻纤、台玻等玻纤企业接踵而来，纷纷向浙江磊纳抛出了橄榄枝。这些玻纤巨头每年叶蜡石的需求总量在 100 万吨以上，并且每年都有大幅增长，市场潜力非常巨大。与玻纤龙头企业的良好合作，为浙江磊纳的发展奠定了坚实的基础。

得到玻纤企业追捧的浙江磊纳，总结起来有以下三大优势：

第一，资源优势。浙江磊纳生产所需的叶蜡石原矿主要由公司的投资企业——上虞叶蜡石矿业有限公司供应。上虞叶蜡石矿（图 7-3）始建于 1966 年，1998 年改制，经原建材部所属 503 地质大队等三次勘探，已探得叶蜡石矿储量 800 万吨左右，经矿产普查后表明，该矿具有低铁、低钛、低钾钠的特点，且矿物构成组分稳定，有害物质少，成分波动小，是玻璃纤维池窑拉丝的理想原料。丰富的矿石储备，优质的矿产资源，较强的开采能力，上虞叶蜡石矿成为磊纳公司发展的坚强后盾。由此，公司以上虞叶蜡石矿的矿石为依托，建立了一条从叶蜡石原矿采购到叶蜡石微粉产出的稳固、高效的产业链，既保证了生产效率，又保障了产品质量，成为企业的一大优势，更是公司核心竞争力的重要组成部分。

图 7-3　叶蜡石原矿

第二，以客为本。由于磊纳产品质量过硬，性能稳定，目前已应用于无碱玻纤池窑生产之中，在电子玻纤产品领域的发展具有广阔的前景。他们通过完善的生产销售体系，以标准化产品生产和个性化服务相结合的经营方式，不仅销售产品，更为用户提供个性化解决方案。

第三，区位优势。浙江磊纳位于浙江杭州湾上虞工业园区，周边交通快捷便利。水运有 500 吨级的京杭大运河依区而过，上万吨级的上虞出海新港蓄势待发；陆运有沪杭甬高速、上三高速、诸绍高速、沪杭甬高铁等纵横交织；近在咫尺的杭州湾跨海大桥接轨上海、杭州、宁波三大经济重镇，距离宁波、上海等港口仅一小时路程。便捷的交通线路，显著的物流优势，既缩短了运输时间，又降低了物流成本，成为企业又一大优势，从而更进一步增强了公司的竞争力。

玻纤行业"十二五"结构调整战略，成就了浙江磊纳立足于玻纤行业，服务于玻纤行业，贡献于玻纤行业的发展机遇。"千锤百炼出深山，烈火焚烧若等闲。粉身碎骨浑不怕，要留清白在人间。"一首明人于谦的诗词，恰如"叶蜡石"的故事。浙江磊纳作为玻纤行业原料供应商领域内的新秀，迎头抓住无碱玻纤池窑、无碱玻纤制品高速发展的契机，以洁白纯净的微粉作出自己的贡献。

（二）特色深加工玻纤制品发展潜力巨大

"十一五"时期先进的无碱池窑拉丝技术加快了企业规模化进程，全国玻璃纤维企业有 200 多家，其中池窑企业 20 家，玻纤深加工企业 100 多家。在支持大企业集团和特色企业发展的背景下，行业集中度加速提升，"十一五"末三大主要生产企业巨石、重庆、泰山的产量集中度达60%，生产能力最高的企业达到了80万吨／年。

中国玻纤行业在国家产业政策引导下逐步发展，市场化程度较高。国有企业、民营企业、合资企业、外资企业在国内、国际市场充分竞争，凭产品及技术优势占据了有利地位。

金融危机下，以大规模池窑拉丝为主的国有企业、港澳台合资企业遭遇亏损，而拥有特色制品深加工的民营企业及外资企业仍保持盈利。

1．玻纤纱市场

巨石集团、重庆国际、泰山玻纤以其巨大的池窑产量成为玻纤纱生产企业代表。2010年，巨石集团、重庆国际、泰山玻纤三家企业池窑产能占全国池窑总产能的74.62%。

2．玻纤制品市场

玻纤制品由玻纤进行初级加工制成，主要包括各种玻纤织物（具体品种有方格布、网格布、电子布等）及玻纤无纺制品（主要为玻纤毡，具体品种系列有短切毡、湿法薄毡、连续毡、缝编毡、针刺毡等）。

玻纤制品生产企业较多，产品以中低端的玻纤织物及玻纤无纺制品为主，少数企业具有各自特色的高端制品生产能力。短切毡是目前国内生产规模最大的玻纤无纺制品之一，生产厂家众多，代表企业有巨石集团、重庆国际、泰山玻纤、河北金牛等，这些企业占据国内短切毡50%以上的市场份额。

3．玻纤毡延伸制品市场

玻纤复合隔板属玻纤毡制品的延伸产品，目前国内仅有常州市久联蓄电池材料有限公司、山东瑞宇蓄电池有限公司、风帆股份、重庆长江蓄电池隔板厂、重庆联环蓄电池隔板有限责任公司等少数几家企业生产，其市场占有率超过95%。复合隔板主要用于启动型汽车、摩托车蓄电池。产品技术相对成熟，与国外先进水平差距不大。

金融危机以来，全球玻纤企业扩产计划比较谨慎，产能增长缓慢。中国是玻璃纤维第一生产大国，产能占全球产能的一半以上，中国玻纤大量出口到国外。在欧盟市场上，由于中国玻纤价格远低于当地厂家的价格，在经济不景气时加剧了竞争和贸易摩擦，欧盟于2010年9月宣布对从中国进口的玻纤征收临时反倾销税。

2008年末到2009年中国以出口为主导的玻纤产业格局受到金融危机冲击外需减少，而内需增长加快。中国玻纤下游消费主要是建筑及基础设施、交通运输（包含汽车、轨道交通等）、风电、复合材料船艇等，未来随着这些行业持续快速发展，中国玻纤市场需求潜力巨大。

中国玻纤企业前三大巨头中国玻纤、重庆国际复合和泰山玻纤产能主要是粗纱；九鼎新材公司主要生产网布、网片，其下游产品开发比较成熟，为行业内企业树立了典范；必成玻纤（昆山）、上海宏和电子材料等外资企业主要生产高品质电子级细纱。由于电子级细纱产品利润较高，中国玻纤、重庆国际复合等企业也大力开发电子级细纱，其中中国玻纤具备1万吨电子级细纱产能，重庆国际复合具备了3万吨电子级细纱产能。

第三节　玻璃纤维行业实行准入公告管理

为了适应玻纤行业健康发展的新形势新需要，工信部于2011年8月正式启动《玻璃纤维行业准入条件》的修订工作。在中国玻璃纤维工业协会的积极配合下，工信部于2012

年9月27日出台了《玻璃纤维行业准入条件（2012年修订）》，并于同年11月26日颁布了《玻璃纤维行业准入公告管理暂行办法》。经过企业申报、各地工业主管部门预审推荐、行业专家及协会复核、工信部内部复审，符合《玻璃纤维行业准入条件》企业（第一批）名单出炉，并于2014年1月7日至21日在工信部网站进行公示。

国家政策支持对于一个行业发展的影响是毋庸置疑的。中国玻璃纤维工业能够实现发展壮大，产业政策起到了积极引导和推动作用。近年来，由于受到全球经济低迷及国内经济转型的影响，行业出现产能相对过剩的局面，同时随着国内生产成本的快速提高，国内产品在国际市场上的成本比较优势逐渐消失，国内玻纤产能将逐渐从外贸出口转向满足国内市场需求，中国玻璃纤维工业正式进入精细化管理时代。因此，当前产业政策主要在熨平经济震荡，弥补市场缺陷，有效配置资源，引导行业转型等方面发挥作用。

加强行业准入管理是调整优化产业结构，推动行业转型升级的重要措施。《国务院关于印发"十二五"节能减排综合性工作方案的通知》（国发〔2011〕26号）、《国务院关于印发工业转型升级规划（2011—2015年）的通知》（国发〔2011〕47号）提出，要严格行业准入，强化节能、环保、土地、安全等约束指标。而准入公告，则是落实准入管理要求的有效手段，是落实准入条件的具体措施。

首先，准入公告是行业管理由审批制向监督制转变的积极探索。从2004年开始，国家逐步加大了对"两高一资"及产能过剩行业的管理力度。为此，政府对行业管理模式进行大胆探索和积极创新，发布了焦化、电石、铁合金行业准入条件，规范和引导行业投资行为，抑制低水平重复建设。同时，为加强对现有企业的管理，依据准入条件相关内容，细化了准入标准要求，制订了准入管理办法，创建了准入公告管理模式。通过复核企业现有项目的立项、环评、土地、环评验收等手续以及工艺装备、节能环保等设施，公告符合准入条件的企业名单，实现由前端（项目建设前）的审批管理向末端（项目建成后）的监督管理转变，在引导规范新建项目的同时，监管存量项目。

其次，准入公告是推动行业结构调整和优化升级的重要抓手。通过公告符合行业准入条件的企业名单，给符合产业政策的企业营造了良好的发展环境，促使达不到准入要求的企业，通过技术改造或联合重组等方式寻找发展出路。通过坚持没有合法（规）项目建设手续不予公告原则，使得项目未批先建得到抑制；坚持存有落后产能未淘汰不予公告，促使企业主动淘汰落后产能；坚持主体工艺装备和规模达不到准入条件不予公告，引导企业项目投资和技术改造；坚持节能环保设施和指标达不到要求不予公告，促进企业加大节能环保投入，保证设施的完善和正常运行。

再次，准入公告是产业政策引导金融、财税、土地、贸易等政策的重要窗口。国务院有关部门、地方主管部门对准入公告管理已达成共识，形成了工作配合机制，并在相关政策实施中以准入名单为依据进行分类管理。银监会要求对不符合准入条件的企业不予信贷支持；证监会要求资本市场融资必须为符合准入条件的企业；商务部要求只有符合准入条件的企业才能取得出口资质并发放配额。这些政策与准入公告的挂钩，进一步树立了准入公告的公信力和影响力，使得企业主动接受监督，认真执行国家产业政策。

最后，准入公告是企业、政府、社会的互

动平台，也是企业诚信体系建设的组成部分。准入公告由企业自愿申请、政府监管发布、社会各界监督，构建了企业、政府、社会之间的互动平台和监督平台。企业通过进入公告名单，主动接受监督，获得了更好的发展环境；政府通过全面复核企业合法手续文件、工艺装备和节能环保等设施，加强对企业的监督和管理；社会各界通过政府公告的企业名单，监督企业行为，促进企业诚信体系建设。

经过几年推广，目前准入公告管理制度已经在焦化、电石、铁合金、黄磷、铅锌、镁、石墨、萤石、稀土、铅蓄电池、水泥、平板玻璃、防水卷材、印染、粘胶纤维、钢铁、拖拉机、光伏制造等越来越多的行业推广实施。准入公告平台的公信力得到了企业、行业协会和相关部门的广泛认同，并成为国家调整优化产业结构，推动行业转型升级的重要措施。

第四节　砥砺前行，玻纤复合材料行业转型升级正当时

中国的玻璃纤维复合材料工业从无到有，从小到大，栉风沐雨 60 载，取得了长足的进步，而今节能环保、新一代信息技术、生物、高端装备制造、新能源、新材料和新能源汽车等七大战略性新兴产业独领风骚，作为新材料产业中崛起的生力军，玻纤复合材料行业更是迎来了大发展的春天，天宫揽月、蛟龙潜海，当真已是可上天能入地、无所不能、无所不为了吗？让我们看一组工信部发布的数据，2014 年建材工业经济运行情况显示，1—12 月份，规模以上建材企业完成主营业务收入 7 万亿，其中，水泥制造业、水泥制品、建筑陶瓷、玻璃纤维、耐火材料制造业分别完成 9792 亿元、8600 亿元、4400 亿元、1509 亿元、4779 亿元，

复合材料 700 亿，显而易见玻纤复合材料在建材工业中的比重还是很低的，仅占 3.16%，并没有形成真正意义上的产业化规模，玻纤复合材料行业应静下心来，反思发展中遇到的问题，寻求有效路径，有所突破。

一、明确定位，把握行业发展方向

2007 年，中国玻纤总产量已实现了世界第一，现今我国的玻纤在世界上占有 60% 的份额。中国玻璃纤维工业缘何能够实现快速发展并壮大，以池窑拉丝为主导技术、发展出口导向型行业这一当年明确的历史定位起到了举足轻重的作用。

中国玻璃纤维工业自 20 世纪 50 年代末期诞生以来，走过了坎坷的发展历程。在 20 世纪 60 年代初，我国玻纤工业坩埚法工艺刚刚起步时，玻璃纤维行业基本处于封闭孤立的环境中，加之国外采取严密的技术垄断与封锁，使我们无法触及世界先进技术，为彻底结束中国没有万吨无碱玻璃纤维池窑的历史，1990 年初，原国家建材局将"万吨无碱玻纤池窑拉丝生产线"作为行业重点攻关项目列入了"八五"计划。经慎重选择，原国家建材局决定由泰山玻纤来承建这一重大项目，斥资 4.5 亿，以"点菜拼盘"的模式，克服了诸多难以想象的困难，硬是"拼"出了一个万吨级池窑——1997 年 5 月 4 日，我国首座万吨无碱玻纤池窑拉丝生产线诞生了。这个具有里程碑意义项目的建成投产，突破了国内在万吨级无碱玻纤池窑上的多项技术难关，结束了中国没有万吨窑的历史，其技术成果广泛推广应用于国内数十条万吨级以上无碱玻璃纤维生产线，为我国玻纤工业的腾飞作出了突出的贡献。在"十五"规划（2001—2005 年）中，行业确定了以先进无碱池窑拉丝工艺为发展方向，压

缩落后坩埚法生产能力,在国家"双高一优""国债"项目投资推动下,无碱玻璃纤维池窑拉丝比例迅速提升。随着池窑生产线的蓬勃发展,玻璃纤维总产量也迅速扩大,2003 年就已提前两年全面实现"十五"规划提出的年产 38 万吨目标。

骤然增加的这么多产量要走向哪里?事实上,在中国经济改革开放以来的持续强劲增长中,出口导向政策功不可没。中国玻璃纤维工业响应国家号召,采取了以出口为导向的发展战略,玻纤及制品出口数量的大幅上涨,为行业的高速增长提供了有力的支撑。2001 年,在国际市场竞争激烈的情况下,我国玻璃纤维及制品出口连续 3 年保持增长势头,其主要原因是我国玻纤行业经过结构调整,特别是池窑拉丝生产工艺技术的研究应用,缩小了我国玻纤产品与国际高水平产品的差距,提高了我国玻纤产品参与国际市场竞争的能力。据当年海关统计,2001 年我国玻纤及制品的出口总量为 11.2 万吨,比上年同期增长 37.21%;出口金额达 1.94 亿美元,比上年同期增长 21.97%,提前实现"十五"规划提出的玻纤出口奋斗目标。

2014 年,我国玻璃纤维及制品出口数量 129.05 万吨,出口金额 20.65 亿美元,贸易顺差 10.92 亿美元。

二、审时度势,解决行业发展问题

但是,正像世界上的万事万物一样,阴暗的方面总是伴随着光明的方面而出现。中国玻璃纤维工业高速发展的同时,也遭遇到了产能相对过剩、产品结构不合理、制品深加工发展不足等瓶颈问题。

由于国内玻纤消费市场长期发展滞后,快速增加的玻纤产能只能通过外贸渠道,利用国际市场进行消化。随着产能快速增长,行业对于外贸出口的依赖越来越强,到 2008 年金融危机爆发之前,行业产品出口比例一度高达 68%。加之长期以来产品同质化现象严重,一旦哪个产品市场行情好,看见有利可图大家就蜂拥而上,其结果是导致低价恶性竞争,引起市场秩序混乱。面对金融危机洗礼后国际国内两个市场需求的持续萎缩,行业审时度势,果断采取了限产保价的战略措施,虽是不得已而为之,但是有效控制了产能,缓解了库存压力,稳定了产品价格,及时止住颓势,在困境中依然使行业保持了整体盈利水平;更加值得一提的是,在市场的低迷期,企业并不是消极等待、观望,而是积极进行节能减排和技术设备改造,研发培育国内外新项目、新市场,完成企业整顿和人员培训,充分蓄力,以在下一个快速发展期中占得先机。我国玻纤出口比例大幅下降至 36%,30 个点的降幅是国际市场逼出来的,也是开发国内市场的成绩!

三、提升池窑水平,严格实施准入,保护先进企业利益

行业发展中遇到困难并不可怕,可怕的是在困境中迷失方向、缺乏解决困难的手段,丧失继续前进的信心。面对行业内低水平重复建设、盲目扩张、落后工艺无法彻底取缔、低劣产品时刻扰乱市场秩序的巨大隐患,为维护公平公正的市场秩序,保护先进企业的利益,中国玻璃纤维工业做出了实施准入管理的历史性选择。

2007 年 2 月 1 日《玻璃纤维行业准入条件》的正式实施,标志着我国玻璃纤维生产正式步入规范化准入制管理的健康轨道。2012 年 5 月,中国玻璃纤维工业协会再次组织相关部门和企业,修改完善《玻璃纤维行业准入条件》《玻

璃纤维行业准入公告管理暂行办法》及《玻璃纤维行业准入公告申请书》，同年10月1日由工信部发布正式实施。2014年5月12日，第一批符合《玻璃纤维行业准入条件》企业名单正式公布，共计30家企业获得准入公告管理资格。截止到2014年底，工信部共收到第二批申请准入公告管理的玻璃纤维生产企业18家，分别来自6个重点省区。

中国玻璃纤维行业准入条件的修订和公告管理的颁布，以设立更高的准入门槛，提升池窑水平，淘汰落后、节能减排，推动技术进步，促进行业进行整体结构调整和优化升级。协会通过加大新版准入制度的宣贯实施力度，对低水平重复建设和盲目扩张施以重拳，对企业进行"有进有出"的动态管理，维护准入公告的公信力，为符合产业政策的企业营造良好的发展环境，敦促达不到准入要求的企业，通过技术改造或联合重组等方式寻找发展出路，鼓励企业以产业政策为导向，加大产品结构调整和转型升级，切实促进了玻纤行业健康、稳定、可持续发展。

针对目前我国复合材料行业的现状与存在的问题，协会已于2014年10月提出《复合材料行业准入条件（草案）》，从生产企业布局、工艺与装备、环境保护、安全卫生和社会责任、产品质量、监督与管理六个方面向广大会员单位广泛征求意见与建议。协会于2015年组织召开《复合材料行业准入条件》研讨会，在"十三五"规划年到来之际规范市场竞争秩序，有效遏制复合材料行业的低水平重复建设和无序扩张，打破行业面临的发展困局，实质性推进复合材料制品行业产品结构和产业结构调整，准入制度的出台必将为复合材料的健康发展保驾护航！

四、发展制品深加工，深度进军产业链

近二十年来，中国玻璃纤维工业经过跨越式的高速发展，一举成为玻纤生产大国，在世界上占有举足轻重的地位。毋庸讳言，行业发展初期也曾一度片面追求初级产品产量的扩张，导致制品深加工发展严重滞后，产品及经营同质化，产品竞争力低下。在2009年12月，刚刚挺过了经济寒冬的中国玻璃纤维企业，开始连续遭遇来自欧盟、印度、土耳其等的反倾销诉讼，随之而来的高初裁税率更是让行业雪上加霜，繁荣背后的隐忧由此被无情地揭示出来：多年来中国玻纤及制品出口一直以无捻粗纱等初级产品为主打，产业竞争力严重不足。长期以来，玻璃纤维粗纱占据玻纤及制品出口45%以上的份额。玻纤"十二五"规划适时对此做出了战略性调整：进行全行业结构大调整，从以发展池窑为中心转移到完善池窑技术、重点发展玻纤制品加工业为主的方向上来；深化制品加工，大力开发产品应用领域，向产业链深度进军，着眼于建设高质量、规模化的制品深加工体系。在"十二五"的收官之年，我们欣喜地看到陆续投放的玻纤深加工生产线，已积极涉足到节能环保、新能源、新材料等战略性新兴产业领域，不断向高层次、高附加值、多材料复合方向渗透发展，以满足市场日益变化的需求，行业内新的经济增长点正悄然生成。无疑，大力发展制品深加工是中国玻纤复合材料可持续发展的必由之路。

五、整合产业链，以复合材料发展带动玻纤发展

随着"十二五"期间战略性新兴产业独领风骚，逐渐替代传统产业成为主导产业，复合材料又迎来了新的发展契机。新材料产业中，

纤维增强复合材料不仅是航空航天高技术及尖端技术领域的关键材料，同时，也是汽车、新能源、新型建材、信息产业、石油化工、绿色环保等领域更新换代和产业升级中的重要材料。进入 21 世纪以来，全球复合材料市场快速增长，亚洲尤其是中国市场增长迅猛，应用市场巨大。

2014 年玻纤产值已达 1500 亿，但其下游的复合材料产值只有约 700 亿，下游市场的开发极具潜力，因此大力加强对已知复合材料应用领域的开发，积极探索未知领域，努力开拓纤维复合材料的应用新局面，以复合材料发展带动玻纤发展才是纤维复合材料长期发展的根本。

原北京二五一厂就是个成功转型的例子，在企业经营陷入困顿难以生存发展之际，工厂果断关闭了已没有竞争优势的制球、拉丝和纺织业务，搭乘国内大力发展清洁能源的快车，转向生产风电所用的叶片，令企业起死回生。

但是追求产业链的提升和发展，还没有成为行业内多数企业家的自觉行动。在一些地区盲目、低水平的同类企业还不少。不少企业仍未把产品应用开发提高到足够的重视程度，对自己产品应用分类不清，更没有与用户合作开发的专有产品。行业与应用领域的合作组织不够得力。所以我们的应用品种与国际发达国家相比还有巨大的差距。由于产业间没有很通畅的渠道，应用推广缓慢。对于一些像交通等国际上较大应用领域，我们增长还不够快。对于一些国外的先进热塑复材制品生产工艺、技术、装备和产品应用，我们跟进速度也不够快，这些都是行业需要继续努力的地方。

2013 年 9 月，中国建筑材料联合会召开大会，宣布中国复合材料工业协会、中国玻璃纤维工业协会合并整合工作正式启动。玻璃纤维和复合材料本是上下游产业的关系，两个协会的整合令今后上下游合作更加密切，复合材料与玻璃纤维互相渗透、优势互补，会生产出更加符合用户需求的复材玻纤制品，只有复合材料的发展才能带动玻纤市场的长期繁荣。

2014 年一年的实践证明了两会合并是一个英明的举措。整合后的协会先后召开了与风电、新能源、汽车轻量化、船艇轻量化、市政建设、化工、环保、高端装备等复合材料主流应用市场的行业对接会以及玻纤、复合材料制品企业与复合材料装备企业间的企业对接会，为企业提供了快速高效的上下游产业商洽平台，成功引导企业转换思维，打通行业之间的壁垒，建立横向与纵向的产业联盟，合商共赢。

六、必须改变复合材料发展的方向、手段和模式

我国的玻璃纤维始终以产业政策为导向，在国家产业政策的宏观调控下，曾经玻璃纤维行业企业数量多、规模小、过于分散的局面，发生了根本的转变，形成了中国玻璃纤维工业的国有控股企业占主导、民营企业有力支撑的合理格局。而复材行业企业众多且分散，全国共有超过 4000 家以上的企业，山东武强、河北枣强、河南沁阳三地的企业就有 2000 家。绝大多数企业为中小企业，甚至是作坊式企业。产业集中度偏低，企业规模小，产品结构不合理，产品档次低，缺乏竞争力也是不争的事实。为提升行业的整体水平，确定复合材料行业发展的方向、手段和模式已是箭在弦上。

1. 以热塑性工艺、技术为发展方向，追赶国际水平

首先明确应以大力发展热塑性复合材料为复合材料的宏观发展方向。热塑性复合材料以其产品质量轻，抗冲击性和疲劳韧性好，成

型周期短，生产是物理过程、无污染，特别是可回收利用的特性，在复合材料领域发挥着越来越重要的作用，逐渐成为全球复合材料发展的热点和趋势。国外复合材料发达国家如欧美复合材料制品总量中，热塑性复合材料所占比例远远高于我国，目前比例高达60%。发达国家在这一领域实行技术封锁，压制、缠绕、拉挤的专业工厂都不允许我们参观。我们必须想办法解决这一问题，突破封锁，引进、消化和吸收，实现装备国产化。

西方各国对热塑性复合材料的研究与生产较早，近几年更是加大力度，进行了深入的研究、开发与工业化生产，在诸多核心领域取得突破，我国目前尚处于技术水平较低、专用设备落后的状态，同时产量小、品种少，性能与国外同类产品相比还有差距，存在明显不足，总体上还属于刚起步阶段。美国的某热塑公司，下设四个分厂，分别在不同的州，每个工厂几十人，销售额都在1亿美元以上。公司员工总计仅300人，销售额就可达4亿美元。一个行业必须要确立发展方向，方向代表行业未来。特别指出，千万不要把产品当方向，复合材料产品千万种，即使风电叶片，全国用量销售额不过仅100多亿。池窑工艺技术突破了传统的玻纤生产方式，热塑性工艺技术为什么在欧美这么流行，就是因为它节能、环保、效率高，一个汽车底盘仅需20分钟即可成型。因此，我们要马上行动起来，瞄准国际先进水平，举行业之力，大力发展纤维增强热塑性复合材料及制品的应用开发，吹响追赶世界潮流的号角！

2. 手段——以装备自动化、智能化、信息化为转型手段，摒弃手工操作，建设规模化大型集团

"工业4.0"时代即将到来，"中国制造2025"已拉开序幕，中国制造业正面临前所未有的挑战。由于人力、土地成本不断上升，中国制造企业普遍进入"如何保持竞争优势"的困境里。如今，"工业4.0"正在成为制造业转型的新思路。"工业4.0"的概念最早由德国政府提出，旨在构建新一代的制造工厂。在这个思路下，未来制造工厂有两个最核心竞争力的地方：工厂不再是人的工厂，而是机器生产机器的工厂；拥有监测并追踪工厂内外海量数据的工具，然后归纳分析。

生产装备的自动化可以用工业机器人来实现。所谓工业机器人，是一种面向工业领域的多关节机械手或多自由度的机器人，它可以自动执行工作的机器装置，靠自身动力和控制能力来实现各种功能。这些机器人可以接受人类指挥，也可以按照预先编排的程序运行，也就是接受机器的指挥。

在中国的制造业中，每1万名工人中只有30台机器人。相比之下，按1万名工人为基数，韩国拥有437台机器人，日本为323台，德国为282台，而美国则为152台。

采用工业机器人的自动化生产方式优势明显。首先，在人力成本上升的背景下，企业使用工业机器人代替工人，可以提高数倍生产效率，大幅降低运营成本。而且在某些精密度要求高的工种里，比如在冲压、压力铸造、热处理、焊接、涂装、塑料制品成型、机械加工，机器的表现更稳定、错误率更低。另外，机器也可以完全替代人类从事有害物料的搬运等工作，实现环保绿色生产，这些工作无疑将大幅提升企业的竞争力，加速企业转型。玻纤的三大池窑企业已开始广泛应用，只有这样才具有参与国际竞争的实力！

是的，我们已经准备好了，复合材料行业将以自动化、智能化、信息化为发展手段，摒

弃手工操作，以此举推动企业上规模、上档次、提高产业集中度，建设出一流的规模化大型集团，一定能够站上世界的舞台，与同类的企业同台竞争，掰掰手腕。

3.模式——打破行业界限，建立产业联盟，开发新的应用市场。

成功往往源于思维创新。时下，跨界，正成为当今世界被反复提及的热词充斥着我们的耳畔，在不同的行业间被不断地实践着，它能让一个企业通过转换生存空间而大放异彩，能让一个品牌在相对短的时间内超越竞争对手迈上行业巅峰。打破行业界限的跨界思维，正是一种企业或品牌的创新战略，谁能早走一步，谁就能在未来的竞争中占据优势。

如我们所知，纤维复合材料已应用于航空航天、建筑工程、石油化工、交通运输、能源工业、机械制造、船艇、体育器械等国民经济各个领域，不仅支起了大飞机、问鼎"天宫"剑指苍穹、护航"蛟龙"探潜深海，其实在这些"高精尖""高大上"的领域之外，在更接地气贴民生的民用领域里，跨行业的产业组合为复合材料的应用开拓了更广泛的空间。

在已成为我国农村经济的增长点、重要支柱产业的养殖业中，蕴含着复合材料市场的巨大商机，用LFT—D材料制成的畜舍清洁型漏粪地板（图7-4），可以满足大型养殖企业规模化需求。以漏粪板为切入点，衍生至其他畜牧制品（如食料槽、产床等），以省级为单位建成畜牧养殖配套设施制品加工工厂向周边辐射，结盟食品、物流行业，整合地域资源，前途无量，预计市场规模可达700～800亿！

随着城市化进程的迅猛发展，新建小区及道路的配套设施——井盖的需求量急剧增多，而传统铸铁井盖成本高，被盗现象严重，行人受伤、车辆受损时有发生，一直是困扰各建设部门的难题。2009年我国颁布了检查井盖的国标《检查井盖》GB/T23858—2009，明确了复合材料井盖作为检查井盖的一种，新的国标提升了井盖的荷载要求，与国际通行的EN124标准接轨。该标准从2010年2月1日起实施。复合材料井盖重量比铸铁井盖要轻三分之二，使用寿命在20年以上，是铸铁井盖的1倍，而价格只是铸铁井盖的80%，它不仅外表美观，而且电绝缘性能好，防水、耐老化、耐酸碱、强度高、抗冲击、耐磨、不怕日晒雨淋、抗静电、防盗，可任意着色，安装、维护、鉴别方便，市场潜力空前巨大。目前福建海源自动化机械股份有限公司已成功地做成由三个片材一次性组装成的检查井（图7-5），为市政工程再添亮点，预计在中国的市场份额将有600亿以上。

正是热塑性复合材料避免了热固性复合材料固有的环境友好性差、加工周期长和难以回收等不足，并且具有更好的综合性能，逐步在汽车制造领域进一步扩大了应用范围，在十堰的二汽，原来制造中使用的SMC、BMC片材已全部改为使用热塑件。放眼中国，汽车热塑性产品近年来得到了日益广泛的应用：郑州宇通客车的空调罩、一汽大众的发动机罩（图7-6）、广汽本田的内顶棚、北汽福田的保险杠、长安汽车的前端组件（车门组件、仪表盘支架等）、奇瑞跑车的底盘等等，不一而足。

在时代发展的洪流中，我们要善于寻找、发现更多的具有规模化发展潜力的产品，比如建筑模板、集装箱托盘等等，八仙过海各显神通，向不同的领域跨界，你做你的检查井，我生产我的集装箱托盘，可以在压制产品、管道产品、型材中各选所好，实施差异化生产和经营，力争在"十三五"期间打造出一批大型复合材料制品生产基地，形成分布合理、竞争有序、规模化的企业格局。

　　"改革"是我国当前发展的"关键词"，"转型升级"正是全面深化改革的重中之重的经济体制改革的核心内容，一直也是行业发展永恒的主题。

图7-4　猪舍清洁板

图7-5　检查井

图7-6　一汽大众发动机仓盖

第五节　纤维复合材料工业"十三五"发展规划

　　进入"十二五"以来，玻璃纤维复合材

料工业，在发展规划的引导下，克服世界经济持续低迷和国内经济转型的种种实际困难，发展取得长足进步。玻璃纤维行业，在池窑技术不断完善提升和实现新突破的同时，制品深加工发展成为所有企业的关注焦点，全行业发展战略结构大调整的"十二五"规划目标初步实现。复合材料行业，复合材料产品制造工艺技术与装备水平稳步提升，产品应用领域不断拓展和扩大。随着玻璃纤维复合材料工业不断发展壮大和延伸，"十三五"期间，作为纤维复合材料产业链的主体，将全面实现整合和提升，并由此带动整个纤维复合材料产业的发展和壮大。

一、玻璃纤维行业发展现状分析

　　根据国内外市场形势的变化，《玻璃纤维行业"十二五"发展规划》提出了"全行业进行发展战略结构大调整，从以发展池窑为中心，转移到完善提升池窑技术、重点发展玻纤制品加工业为主的方向上来"的行业发展战略大调整。在此战略规划的引导下，一方面大型池窑企业积极实施精细化管理，进行工艺技术改造和产能结构调整；另一方面球窑、坩埚等中小企业积极实施转产制品深加工业，全行业积极培育和打造大型制品深加工生产基地。

1. 玻纤纱

　　经过努力，全行业成功扭转了玻纤纱产能过快增长的势头，产量增速已连续多年保持在个位数。同时，玻纤纱产能结构明显优化，池窑拉丝比例进一步提升至90%以上，玻纤纱品种由普通中碱和无碱纱为主，转变为以无氟无硼高性能玻纤纱为主，并能根据市场和客户需求实现差异化生产，满足风电、化工、电绝缘、建筑、热塑等不同领域。"十二五"以来玻纤行业主要运行指标情况见表7-1。

代铂坩埚纱产能持续减少。球窑及坩埚生产企业环保、能耗及招工压力不断加大，同时在产品结构方面又逐步受到池窑生产企业的挤压，因此近年来球窑产能规模持续萎缩。截止到 2014 年底，球窑产能规模约为 35 万吨，其中无碱球窑产年产量仅为 10 万吨左右，大批坩埚拉丝生产企业已经或正在实施转产转型。

池窑企业数量和规模相对稳定。截止到 2014 年底，国内池窑企业 21 家，池窑产能总规模达到 331 万吨，其中三大玻纤——巨石、泰山、重庆的合计产能约 210 万吨，产能集中度达到 63%。此外，"十二五"期间新增海外池窑产能约 16 万吨。

2. 玻纤制品

大力发展玻纤制品深加工已经成为全行业发展共识。巨石、泰山、重庆三大池窑企业纷纷加大对制品深加工生产线的建设投入，江苏九鼎、江苏长海等专业制品生产企业已成功上市，四川玻纤、陕西华特、常州宏发、兖州创佳等企业也都在积极打造玻纤制品深加工

生产基地。玻纤用高速剑杆织机、喷气织机、多轴向织机等先进制品生产设备纷纷实现国产化，并在行业内获得迅速推广，织物涂覆处理技术成为企业尤其是中小企业研发新产品、拓展新应用、实现差异经营的核心。此外高硅氧玻纤、耐碱玻纤、低介电玻纤、高强玻纤等高性能玻纤制品研发与应用也成为行业热点。

伴随着行业发展战略大调整，在玻纤纱产量增速持续回落的同时，借助制品深加工业的快速发展，全行业各主要经济指标一直保持两位数的快速增长（表 7-2）。

3. 市场结构

随着外贸出口的持续低迷和国内需求的稳定增长，"十二五"规划中提出的将出口比例降至 30% 的目标正在逐步实现，玻纤企业的内销比例明显提升。而在国际市场方面，一方面国内玻纤及制品出口的产品结构正在发生变化，玻纤织物等深加工制品出口比例明显提高，另一方面近年来重庆国际通过收购或控股，先后在巴西和巴林拥有了玻纤纱池窑生产线，

表 7-1 "十二五"以来玻纤行业主要运行指标情况（一）

年 份	2010	2011	2012	2013	2014
玻璃纤维总产量 / 万吨	256	279	288	285	308
同比增长率 / %	24.88	8.98	3.23	−1.0	8.07
池窑纱产量 / 万吨	217	244	252	262	285
池窑拉丝比例 / %	84.77	87.45	87.50	91.93	92.63

表 7-2 "十二五"以来玻纤行业主要运行指标情况（二）

年 份	2010	2011	2012	2013	2014
主营业务收入 / 亿元	864	1046	1060	1311	1507
同比增长率 / %	39.20	26.26	13.26	13.50	13.37
利润总额 / 亿元	64.4	72.39	71.68	83.9	96.59
同比增长率 / %	143.10	9.93	18.38	9.3	14.83

巨石集团则在埃及和美国加紧建设自己的海外玻纤生产基地，行业逐步用海外投资来代替贸易出口，实现对全球市场的占领。具体数据见表7-3。

4. 技术进步

在池窑技术方面：在"十一五"大漏板、纯氧燃烧、电助融、物流自动化等已有技术基础上，以三大池窑企业为代表的研发团队，在高熔化率大型池窑生产线设计、玻璃原料检测分析及配方开发、浸润剂改性与回收、大漏板开发与减少铂金损耗、物流自动化与智能化、余热利用等方面不断进行技术创新与集成，推动国内池窑技术不断完善和提升。以泰山玻纤8万吨级池窑拉丝生产线为例，借助最新池窑技术，单位产品能耗平均降低35%，生产人员由1000人减少到413人，铂金损耗率及浸润剂耗量均有大幅下降。

在制品生产技术与装备方面：以浙江万利、广东丰凯、常州宏发、常州润源等为首的国产装备，在运转速度、价格、产品品种适应性等方面占有一定优势，但在生产稳定性方面仍有待提高。

5. 节能减排

节能降耗成为企业降低生产成本的重要手段。纯氧燃烧、余热回收等节能技术得到大面积推广和普及，窑炉设计和运转更加注重节能效果。行业各主要工艺环节平均能耗为：池窑拉丝单位综合能耗粗纱低于0.55吨标煤，细纱综合能耗低于0.75吨标煤，坩埚拉丝吨纱综合能耗低于0.37吨标煤；此外无碱球和中碱球综合能耗分别低于0.4吨标煤和0.3吨标煤。

企业环保意识逐步加强。球窑及拉丝生产企业全部实现废水零排放或有组织达标排放，池窑废丝全部实现回炉再利用，窑炉烟气在实现除尘、脱硫、脱氟的基础上，部分实现脱硝处理。

6. 存在的问题及原因

（1）全行业应用研究和市场开发意识不足，差异化经营意识差。

转产制品深加工业，已经成为玻纤行业发展共识。然而在企业转产制品深加工过程中，很多企业由于科研能力较弱，应用研究积累不足，企业一味追求规模化、追求短期效益，造成的结果是：有的企业盲目地向电子布、短切毡、网格布等成熟制品领域转产，导致这些制品产量过快增长，形成产能过剩和低价恶性竞争；有的企业则是不知道往哪里转，已有的

表7-3 "十二五"以来玻纤行业主要运行指标情况（三）

年 份	2010	2011	2012	2013	2014
出口量／万吨	121	122	121	119	129
同比增长率／%	23.47	0.83	−0.82	−1.57	8.35
出口比例／%	47.3	43.7	42.0	41.8	41.8
进口量／万吨	25.7	21.1	20.4	23.3	24.5
同比增长率／%	35.26	−17.9	−3.32	−14.22	5.11
国内表观消费量／万吨	161	178	187	189	203
同比增长率／%	27.5	10.8	5.2	1.0	7.5

规模化市场要么已经形成寡头竞争格局，要么正在处于产能过剩和过度竞争中。在转产制品深加工过程中，企业不论大小，都要根据自己的实际情况，选择适合自己的制品深加工转型之道。

（2）以次充好，产品质量良莠不齐，陶土坩埚拉丝工艺禁而不止，影响行业发展。

多年前，国家已经明令禁止生产和使用陶土坩埚玻璃纤维。然而由于缺乏有效的监督检查机制，部分地方片面追求经济发展和劳动就业，对国家的产业政策落实不到位，导致陶土坩埚拉丝工艺产品多年来禁而不止，不仅影响了玻璃纤维行业的公平竞争环境，而且部分企业用陶土玻纤纱作原料，生产劣质的玻璃钢制品，造成质量问题和安全事故频发，对纤维复合材料产品市场拓展和稳定发展，造成很大影响。多年来，企业和行业协会一直采取各种措施来淘汰陶土坩埚拉丝工艺，但因不具备执法能力，仅靠引导规劝、书面检举、媒体曝光等方法来处理陶土坩埚拉丝生产个案，成效甚微。全国范围内的陶土坩埚拉丝生产规模，仍然较大。

（3）企业生产和物流的智能化水平有待提升。

随着中国经济的快速发展，当前企业面临的能源、环保压力以及人工成本正在快速提升，不断地考验着企业的生产和管理水平。同时西方国家纷纷回归实体经济，低端制造业向南亚、东南亚、拉美、东欧及非洲等发展中国家和地区转移，高端制造业正在向欧盟、北美、日本等发达国家回流，中国实体工业正在遭遇夹层效应。为此，中国已经提出了"中国制造2025"的发展战略。行业要紧跟国家发展步伐，加快推进两化融合并探索实施工业智能化，通过自动化、智能化的生产和物流网络，助力企业实现颠覆性创新和发展。

二、复合材料行业发展现状分析

《复合材料行业"十二五"发展规划》提出，要"深入贯彻落实科学发展观，以创新促进产业结构调整和转变经济增长和发展方式，围绕相关产业发展对复合材料产品的需求，全面提升复合材料产品制造工艺技术与装备水平，加强基础技术研究，加大先进技术推广应用和产业化力度，不断提升产业整体水平和国际竞争力，为实现复合材料产业由大变强奠定坚实基础"。

"十二五"期间，受国民经济转型调整、应用市场需求升级以及原材料价格上涨、劳动力成本上升等因素影响，复合材料行业产量增速逐步由两位数降低到个位数，与此同时，行业转型发展积极推进，见表7-4。

在工艺装备方面，拉挤、缠绕、模压类生产工艺相对成熟，产量稳中有增，连续压制、液体模塑及热塑类生产工艺有较大突破和发展，产量快速增长。在劳动力成本快速上升、机械化成型工艺不断创新和完善以及产品质量稳定性要求不断提高的情况下，行业机械化成型比例已经由"十一五"末的69%提高到2014年末的78.6%。

在产品结构方面，仍以热固性复合材料为主，但随着复合材料的回收及循环利用问题逐步成为业界关注焦点，热塑性复合材料因其质量轻，抗冲击性和疲劳韧性好，成型周期短，特别是易回收利用的特性，逐渐受到大家的青睐，近年来发展速度明显快于热固性复合材料，已经占到纤维复合材料总产量的37.2%。

在产业结构方面，目前复合材料行业企业大约有3000~4000家，但规模以上企业仅180余家，年销售额在20亿以上的大型企业

表7-4 "十二五"以来复材行业主要运行指标情况

年 份	2010	2011	2012	2013	2014
热固性复合材料 / 万吨	238	263	270	273	272
热塑性复合材料 / 万吨	91	118	130	137	161
总产量 / 万吨	329	381	400	410	433
年增长率 / %	21.8	15.8	5	2.5	5.6
规模以上企业主营业务收入 / 万元	418 (1-10)	519 (1-11)	641 (1-11)	722	862
增速 / %	31.9	16.2	23.6	0.7	14.1

集团仅中复集团、中材科技等几家。产业集成度不高，小企业比例过大，从业人员素质、技术水平参差不齐。面向产业的集成技术创新薄弱，产品研发力度不够，中低档制品居多。

在市场结构方面，产值在几十亿以上的规模化应用市场主要包括风电、化工储罐、输水管道、电器绝缘、船艇、冷却塔、卫浴等领域，汽车、轻质住房、城市基建、畜牧养殖、环保、体育休闲等更多应用市场有待进一步开发。

1. 拉挤工艺及其制品

拉挤类复合材料制品的年产量，由"十一五"末的20万吨，增长到"十二五"末的39.1万吨。产品主要包括复合材料塔杆、复合材料桥架、复合材料电缆支架、碳纤维复合芯导线等电力绝缘类产品以及桥梁、隧道等基础设施建设用型材产品等。近年来，聚氨酯拉挤型材成为研发热点——聚氨酯树脂体系应用于拉挤成型工艺，具有更短成型周期，生产率高，生产现场无苯乙烯挥发等优点，产品包括聚氨酯拉挤窗框、聚氨酯轨道枕木、聚氨酯梯子等。此外，连续拉挤板材类产品，尤其是采光板类产品在工业厂房、农牧业等领域受到越来越多的关注。

2. 缠绕工艺及其制品

当前，缠绕类复合材料制品的年产量为71.5万吨。产品主要包括输（排）水管类产品、石化及食品用贮罐、高压管道、脱硫塔、车载气瓶等。近年来该类产品的研发与应用拓展重点包括：双壁储油罐——河北可耐特、冀州中意、山东中意等单位研发的玻璃钢双壁储油罐不仅具有寿命长、防腐性能好、自重轻、免维护等优点，还可通过在双壁间夹层装设连续监测系统，来监测和防止成品油的渗漏；大型储罐——连云港中复、胜利新大等单位在大型玻璃钢储罐的生产技术方面取得突破，整体缠绕成型了一批容积在5000立方以上的特大型储罐，用于化工、食品酿造等领域。

3. 压制工艺及其制品

当前，压制类复合材料制品的年产量为41.6万吨。产品主要包括SMC/BMC模压汽车部件、电力开关柜、电表箱和绝缘零部件、建筑人造石等。近年来，压制板材类产品异军突起，尤其是夹层板类产品在轨道交通、商用车、船舶、体育器材等领域应用快速增长，成为兼具结构与功能性的轻质高强材料。

4. 液体模塑工艺及其制品

复合材料液体模塑成型技术，是指将液态聚合物注入铺有纤维预成型体的闭合模腔中，或加热熔化预先放入模腔内的树脂膜，液态聚合物在流动充模的同时完成树脂与纤维的浸润并固化成型为制品的一类制备技术。真空辅助树脂传递模塑、树脂浸渍模塑成型工艺、树脂膜渗透成型工艺、结构反应注射模塑成型工艺，是最常见的液体模塑成型技术。当前该类制品年产量约为 20 万吨，其中最主要的产品为风电叶片，尤其是用于海上风电的大型化风电叶片，成为研发热点。此外，由于液体模塑成型具有成本低、工艺灵活、可成型大型复杂制品、可加筋加芯及插入物、整体成型等优点，逐步用于生产各种大型部件，应用于船舶、汽车、轨道交通等领域。

5. 碳纤维及其复合材料制品

"十二五"期间，国家加大了对碳纤维发展的支持力度，国内碳纤维生产企业超过 30 家，碳纤维产能已近 14000 吨，但产能利用率不足 20%。目前具备量产能力的企业主要包括中复神鹰、江苏恒神、威海拓展等。我国碳纤维复合材料制品应用领域主要为：航空航天等市场约 10%，一般工业市场约 30%，体育休闲用品约 60%。随着低成本商业碳纤维的开发和供应，近年来碳纤维复合材料制品在建筑、汽车、风电、电力、大型装备、基础设施等一般工业领域的应用快速增长。当前应用研究重点包括：碳纤维复合材料汽车部件、碳纤维复合芯导线等。"十二五"以来碳纤维发展情况见表 7-5。

6. 热塑性复合材料

随着复合材料的回收及循环利用问题逐步成为业界关注焦点，热塑性复合材料因其质量轻，抗冲击性和疲劳韧性好，成型周期短，特别是易回收利用的特性，逐渐受到大家的青睐，其发展速度逐步快于热固性复合材料。热塑性复合材料制品的年产量，由"十一五"末的 91 万吨，增长到"十二五"末的 161.5 万吨，在纤维复合材料总量中的比重已经达到 37.3%。其中，工程塑料仍是热塑性复合材料制品的主要类型，但近年来随着 GMT、LFT、LFT-D 及 CFRT 相关工艺与装备的逐步成熟，其产量和应用规模正在快速增长。截止到"十二五"末，非工程塑料类热塑性复合材料制品年产量已达到 25 万吨以上，产品主要包括汽车部件、建筑模板、畜牧养殖地漏板、风电叶片、输水管道等。

7. 存在的问题及原因

（1）确定行业发展政策导向，突破欧美技术装备封锁

复合材料行业由于生产工艺路线较多，市场应用领域范围广泛，行业整体发展处于快速成长阶段。当前行业产业集成度较低，大型企业较少，小企业比例过大，从业人员素质参差不齐，企业工艺技术、应用研发及市场拓展能力不足。尤其是产业结构不够合理，热固性复合材料制品，尤其是手糊制品比例较高，热塑性复合材料发展相对滞后。热塑性复合材料是当前全球复合材料研发与创新热点。由于热塑性复合材料质量轻，抗冲击性和疲劳韧性好，

表 7-5 "十二五"以来碳纤维发展情况

年 份	2010	2011	2012	2013	2014
年产量 / 吨	1220	1580	2020	2650	3200
年进口量 / 吨				12386	11729
年出口量 / 吨				941	1176
年表观消费量 / 吨				14095	13753

成型周期短，尤其是其可回收特性，解决了复合材料的回收及循环利用问题，逐步受到航天，汽车、能源、体育用品、国防等多方面的关注和应用。目前热塑性纤维复合材料在国外已占到总量的 50% 到 60%，而国内只占 30% 左右。

（2）规模化应用市场较少，汽车、轻质住房、城市基建、畜牧养殖、环保、体育休闲等更多应用市场有待进一步开发。

经过六十余年的发展，当前纤维复合材料行业在制造技术、生产规模、产品品种等方面取得了长足的发展，但也存在行业产能集成度不高，小企业比例过大，中低档制品居多，下游市场分散等问题，影响行业健康稳定发展。反观欧美，纤维复合材料行业的发展相对稳定。究其原因，很大程度上要归功于合理稳定的市场结构。例如，美国的复合材料应用市场主要为汽车、航空和建筑业，三大市场约占美国复合材料市场总规模的 55% 以上。而交通运输与建筑业，支撑起欧洲纤维复合材料 68% 的市场份额。因此，积极扩大纤维复合材料的应用领域，尤其是重点培育一批较大规模的应用市场，对于促进纤维复合材料行业产品结构与产业结构调整，实现行业健康稳定发展，具有重要意义。

三、纤维复合材料行业面临形势、市场预期及发展目标

（一）面临形势

从外部经营环境来看，由于劳动力、资金、原材料、土地和资源环境成本不断攀升，人民币总体处于升值通道，中国经济已经逐步告别低成本时代。低成本时代的结束，意味着企业单纯依靠增加设备、扩大规模、加强管理等措施来提高劳动生产率，挖掘成本潜力，实施低价竞争和获取利润的经营模式，已经越来越难以适应当前的发展环境。行业必须加快实施转型发展，走专业化差异化经营，精细化管理和节能环保可持续发展之路。

从全球工业化进程来看，金融危机之后，西方国家重新回归实体经济。在此基础上，德国率先提出了"工业4.0"的概念，包括"智能工厂""智能生产"和"智能物流"。力求通过信息化与自动化技术的高度集成，实现工业智能化，建立实体经济发展的新优势。中国实体经济正在受到高端制造业向发达国家回流，低端制造业向低成本国家转移的双重挤压，应当学习和借鉴"工业4.0"的理念，建设智能工厂，推进两化深度融合，助力中国制造业转型升级。

（二）市场预期

纤维复合材料已经在风电、化工储罐、输水管道、电器绝缘、船艇、冷却塔、卫浴等领域获得较大规模应用市场。随着中国经济结构性改革逐步推向深水区，经济发展逐步由粗放型向集约型转变，并注重节能环保和可持续发展，注重提升消费需求和解决民生。而纤维复合材料行业作为国家战略性新材料产业重要组成部分，并以七大战略新兴产业中的节能环保、高端装备制造、新能源、新能源汽车等产业为重点服务对象，必将随着国民经济的转型，获得快速发展。未来有望形成较大规模市场的领域包括：

车船轻量化市场：包括汽车、船舶、轨道交通、飞行器等，需求规模约 150 万吨；

建筑工程市场：包括轻质住房、工业厂房、景观建筑、建筑卫浴、桥道铺装等，需求约 150 万吨；

电气绝缘市场：包括电力设备、电网建设、仪表控制以及家用电器等，需求约 120 万吨；

水处理工程市场：包括市政工程、海水淡化、海洋工程等，需求约 80 万吨；

化工防腐市场：包括高压油气管道、化工储罐、食品酿造等，需求规模约 50 万吨；

能源环保市场：包括风电、农村清洁能源、烟气处理等，需求规模约 50 万吨；

其他市场：包括体育休闲、现代农牧养殖、航空航天、高端装备等，需求约 50 万吨。

受纤维复合材料市场需求的带动，国内玻璃纤维表观消费量也将继续保持稳步增长。预计到 2020 年，各类玻纤消费需求合计约 310 万吨。其中：

各类热固性复合材料，需求约 115 万吨；

各类热塑性复合材料，需求约 110 万吨；

电子覆铜板，需求约 50 万吨；

各类产业用纺织品，需求约 35 万吨。

（三）行业目标

积极进行产业链上下游两端的整合与提升，保持纤维复合材料行业健康稳定发展。其中：

鼓励大型池窑企业稳健实施"走出去"发展战略，进行全球产能布局。在此基础上，将国内玻纤产量增速控制在较低水平上，同时降低国内玻纤及制品的出口比例，积极调整产品结构，大力发展高性能热塑性玻璃纤维，以满足国内下游市场的发展需要。

积极进行复合材料产业结构调整。鼓励自动化、机械化生产工艺与装备的推广普及，将行业机械化成型比例提升至 95% 以上。努力提升企业的应用研发与市场拓展能力，借助新材料产业的发展，积极扩大热塑性纤维复合材料制品的应用领域和市场规模。

积极进行产品结构调整和引导企业实施

差异化发展，大力发展玻纤制品深加工，扩大纤维复合材料制品在中高端应用领域的市场规模，提升产品质量和附加值水平。确保纤维复合材料行业年主营业务收入增速高于全国 GDP 增速约 5 到 6 个百分点，即截止到 2020 年，规模以上企业总收入达到 5000 亿，比"十二五"末翻一番。

四、纤维复合材料行业"十三五"发展指导思想及措施建议

（一）指导思想

随着纤维复合材料产业链上下游玻璃纤维与复合材料两个行业的相互延伸融合，未来纤维复合材料作为一个行业整体，要形成统一的发展战略，即"完善提升池窑技术，做好玻纤制品的专业化差异化发展，不断提升热固性复合材料生产技术的自动化、机械化水平，大力发展热塑性复合材料，积极拓展纤维复合材料的应用领域和市场规模，提升纤维复合材料全产业链的综合实力"。

（二）发展重点

1. 完善提升池窑技术水平，大力实施精细化管理，注重差异化市场的应用研究

"十三五"期间，池窑企业一是要合理控制产能扩张，努力提升产品品质与档次水平，做好池窑产能结构的优化调整；二是要做好应用研究与市场拓展，尤其是配合下游热塑性复合材料的研发与生产，不断提升浸润剂自主研发与生产供应的能力；三是要积极开展精细化管理，尤其是要通过智能化工厂建设，利用智能化生产、智能化物流，来实现节能降耗和提升效率，并逐步转变企业生产、管理和营销模式。

2. 以满足个性化应用需求为导向，不断提升制品深加工的专业化和差异化

大型池窑企业具备原料和成本优势，适宜于规模化增强制品的生产和销售，但在积极扩大制品深加工生产规模的同时，企业要以下游复合材料转型发展和产品升级换代需求为导向，不断提升增强用玻纤制品的规模化、专业化生产水平，积极参与下游产品及应用研发，满足下游用户的个性化需求。

中小型企业由于自身规模小，资源相对有限，无法在某一产品的大规模生产上与大企业竞争。但中小企业数量众多，且生产灵活，中小企业能够深入各个细分市场的细枝末节，贴近顾客，针对市场客户个性化需求快速反应。随着时代进步和下游行业的快速发展，客户越来越注重个性化需求的满足，这就需要中小企业来不断开拓和经营。玻璃纤维不是工业基本材料，而是先进代用材料。除了用于增强复合材料，亦可以充分发挥其机械力学性能与绝缘、隔热、耐腐蚀、耐磨、耐候等功能性俱佳的特点，借助纺织新技术新工艺以及涂覆、浸渍、覆膜等后处理加工工艺，生产玻纤深加工制品，用作各种产业用纺织制品。据统计，全球已有五千多个品种六万个规格，并以平均每年一千至一千五百个规格的速度递增。玻纤行业这种多品种小批量的产品模式，尤其适合中小企业的差异化发展。

3. 大力发展热塑性复合材料，推动纤维复合材料行业产业结构调整与优化

要引进、消化吸收热塑性复合材料的成型技术及装备，克服一切阻力，建设行业示范线，提高热塑性复合材料的产品性能、生产效率和产品适应性。在积极做好 GMT、LFT、LFT-D 等成型工艺及装备的完善及推广基础上，集中力量做好连续纤维增强热塑复合材料（CFT）的拉挤、缠绕、压制成型工艺及装备研发，取得热塑性复合材料发展的重大技术突破。

要加大对热塑用玻璃纤维、碳纤维的研发和生产力度，确保优质的热塑增强原料供应，改善热塑性树脂体系，配合好热塑性复合材料的发展需要。

要在完善生产技术的和提升产品性能的基础上，不断拓展热塑性复合材料应用领域，包括交通运输、电子电器、航空航天、新能源、基础设施、建筑、船艇、医疗器械、体育休闲等，扩大市场规模。

4. 积极扩大纤维增强复合材料的应用领域和市场规模。

积极扩大纤维复合材料的应用领域，尤其是重点培育一批较大规模的应用市场。未来重点培育市场包括：

①风电用复合材料

中国环境不断恶化促使对绿色能源需求持续增长，国家和区域的能源部署政策，包括下方风电项目审批权，出台补贴政策鼓励电网企业接纳风电，探索风电供热、风光互补并与火电打捆跨区域远距离外送以及启动海上风电等，将带动风电行业稳健快速发展。

②汽车用复合材料

汽车轻量化已经成为世界汽车发展的潮流。当前汽车轻量化的主要措施是采用轻质材料，包括轻质金属材料、陶瓷材料和纤维增强复合材料。尤其是纤维复合材料以其质量轻、抗冲击性好、成型周期短、可循环利用、设计自由度高等诸多优点，已被国外汽车工业证明为汽车轻量化的最好解决方法。

③轻质建筑用复合材料

纤维复合材料由于其轻质高强的特性，其在制品轻量化、资源综合利用等人类减少碳排

放方面具有巨大优势和潜力。轻质办公用房、节能厂房、活动板房、景观建筑、桥梁及建筑铺装等轻质建筑用复合材料，将受到越来越多的关注和应用。

④电气绝缘用复合材料

随着全社会对于工业智能化的重视和发展，其对于电网建设、电气自动化控制以及精密控制仪表的需求也将不断地升级和扩大，带动相关复合材料制品发展。

⑤农牧养殖用复合材料

随着人民生活水平的提升，发展现代农业和畜牧业成为当前热点。由于其涉及面广，非常值得进行相关纤维复合材料的应用研究和市场拓展。如畜牧养殖地漏板，具有广阔的市场前景。

（三）措施建议

1. 积极推进行业智能化发展

金融危机之后，全球传统产业均要面临转型升级和结构性调整问题。对此，美国推行实施"再工业化"战略，德国提出"工业4.0"战略，中国也已经提出"中国制造2025"发展战略，全球第四次工业革命已经启动。作为传统行业，玻璃纤维与复合材料行业必须积极主动迎接此次工业变革，尤其是要借助工业智能化，实现行业转型发展。

要加快推进两化融合，探索建立智能工厂。一方面研究智能化生产系统及过程控制，通过生产物流管理、人机互动以及工业机器人等技术与装备的应用，实现企业的智能化生产；另一方面是通过互联网、物联网建设，整合物流资源，使需求方能够快速获得服务匹配，实现企业的智能化物流。

2. 积极开展重大工艺技术与装备突破

热塑性复合材料是纤维复合材料行业的未来发展方向，这一点毋庸置疑。当前我国在热塑性复合材料技术方面与国外存在较大差距，在热塑性复合材料生产装备及应用拓展方面比较落后。因此，"十三五"期间要重点实施热塑性复合材料生产工艺与装备的研究和突破。

要联合上游玻璃纤维、热塑树脂，下游复合材料以及成型装备生产企业，借鉴国外成功经验，积极开展热塑性复合材料生产工艺与装备研究。尤其是要通过协同配合，积极探索连续纤维增强热塑性复合材料的拉挤、缠绕及压制生产工艺，实现相关装备的国产化，突破热塑性复合材料的发展瓶颈。

同时，在推广普及热塑性复合材料生产工艺与装备的基础上，探索复合材料企业的智能化生产与物流，不断提升复合材料机械化、自动化成型比例，进而实现行业产品结构、产能结构及产业结构的调整优化。

3. 积极做好应用研究和市场拓展

要主动实现与下游应用行业的对接，跟进下游产业转型发展及其对纤维复合材料产品需求的不断升级。尤其是对于个性化需求较高的中高端客户，要及时了解和掌握其发展动向，做好产品研发和技术服务，进而不断调整企业产品结构，提升产品质量和附加值水平，满足客户个性化新需求，从而实现企业的差异化、专业化发展之路。

要更加重视应用研究，积极引导开展应用创新研究。随着人类社会的不断发展与进步，科技创新已经成为社会经济发展的主要驱动力。材料工业是国民经济的基础产业，材料应用创新是各传统产业科技创新、转型发展的重要环节。纤维复合材料作为战略性新材料产业的重要组成部分和先进代用材料，必将受到各方面的重视和应用。要主动引导，积极开展纤维复合材料在新领域内的应用创新，进而不断拓展新市场和行业新的发展空间。

4. 实施精细化管理与差异化经营

做好企业生产和物流环节的精细化管理。随着能源、环境及人工成本的不断提升，企业要全面实施精细化管理。一方面是要解决好节能环保问题，确保行业发展不会受到日益严峻的能源环境问题的约束，另一方面是要做好原料、生产、运输等环节的成本控制，确保产品的利润空间。为此，企业必须不断地优化生产工艺、改进装备水平、提升产品质量。

引导不同类型企业根据自身优势和细分市场进行差异化经营。尤其是要引导中小企业走以专补缺、以小补大、专精致胜的成长之路。通过差异化经营，避开大企业的规模化竞争，避开其他企业的的同质化竞争，从而彻底甩开低成本竞争市场。同时通过专业化生产，中小企业也可赢得大企业的尊重和重视，同大型企业建立起密切的协作关系，有力地支持和促进大企业发展。

5. 做好节能减排，发展纤维复合材料废物回收利用技术

复合材料废弃物主要来源于两方面，一方面是总产量的不断增加导致过程中的边角余料增多，另一方面是生命周期结束、丧失功能的复合材料制品数量不断增多。随着人们环保意识的增强，复合材料的回收再利用问题，不仅关系到环境保护和行业可持续发展，而且影响到复合材料的应用拓展和市场扩大。因为人们对于不可回收材料，正在逐步敬而远之。国外企业对复合材料废弃物的处理方式或研究思路有以下几种：1. 能量回收方式——焚烧，又分为液体床技术、旋转炉技术和材料燃烧技术等。2. 化学回收方式——热解，即将复合材料废弃物在无氧情况下，利用高温（不燃烧）变成一种或多种物质。3. 粒子回收方式——粉碎，即直接将复合材料废弃物粉碎后碾磨成细粉，重新利用。

6. 积极争取有利于行业发展的外部环境

增强行业协会的专业化水平和服务意识，积极为行业争取有利的外部发展环境。具体包括：

积极开展行业发展研究，明确纤维复合材料行业的未来发展方向及发展重点。在此基础上，积极参与国家级发展战略的研究与编制，向政府有关部门提供促进行业健康可持续发展的意见和建议，争取有利于行业发展的产业政策和外部环境。

协助政府部门做好产业政策的制定和实施，引领行业健康发展。在做好玻璃纤维行业准入管理制度贯彻落实的同时，在复合材料行业进行准入管理的探索和实践。通过制定和实施行业准入管理制度，有效地遏制低水平重复建设，增强企业的自律意识和行业大局观，促进落后产能的淘汰和行业转型升级，维护行业健康有序的竞争和发展秩序。

要适应行业发展需要，争取出台鼓励政策与措施，引导行业健康发展。积极争取玻纤深加工制品的出口退税率，引导玻纤制品深加工业健康发展；积极争取纤维复合材料进出口税目税率的出台和完善，鼓励高附加值复合材料制品出口增长。

以优化产业结构和市场结构为导向，将政府单一供给的现行标准体系，转变为由政府主导制定与市场自主制定标准共同构成的新型标准体系。提高现有标准的内在和应用性能指标，规范行业和市场秩序。加快新产品标准的制定出台，保障新产品开发与应用。积极通过重视与发展企业标准，引导企业实施品牌化发展。培育发展协会标准，将部分先进企业产品指标

上升为行业标杆，有利于引导行业不断发展进步。努力提高标准国际化水平，积极参与国际标准化活动，增强国际话语权。

7.实施全球化发展战略

中国玻璃纤维与复合材料均已实现了产量世界第一，受到世界关注。随着国内生产成本的快速提高，国内产品在国际市场上的成本比较优势逐渐消失，国内产能也将逐渐从外贸出口转向满足国内市场需求。因此，未来企业要继续发展壮大并实现对于海外市场的拓展，必须由外贸出口，转为通过海外投资的方式来实现。通过海外投资，企业产品可以减少遭遇贸易壁垒和贸易保护的几率，更直接便利地进入当地及其他海外市场，扩大了国际市场的份额占有率，使企业产能可以根据全球不同市场的需求得以更合理分布。同时，通过实施全球化发展，也可以有效促进企业规范管理，树立和提升企业品牌形象，使企业在激烈的国际竞争中立于不败之地。

第六节　腾飞中国龙

2015年，世界经济持续调整变革，随着中国经济步入新常态，转型升级亦潜入深水区；昂首前进的中国玻璃纤维/复合材料行业迎风招展、持续向好，在建材行业中成为独树一帜的增长亮点，为"十三五"规划的启程奏响了强音！

一、2015年经济运行情况

（一）行业经济效益

2015年，1197家规模以上玻纤/复材企业实现主营业务收入2617.2亿元，同比增长10.1%；利润总额183亿元，同比增长10.2%。在建材行业整体效益下滑的形势下，

玻纤/复合材料的逆势增长表现得格外抢眼。

2015年，规模以上企业销售费用58.2亿元，同比增长6.9%；管理费用85.6亿元，同比增长11%；财务费用35.7亿元，同比增长4.2%。行业资产总额约为1901.5亿元，负债总额约为931亿元，存货150.3亿元，其中产成品83.9亿元。

2015年，规模以上企业固定资产投资441.22亿元，增幅高达23%。企业管理更为理性，加大生产线技术改造和调整产品结构力度，优化生产成本，积极进行转型升级；环保意识加强，节能减排深入推进。同时部分企业进行了机器换人、自动化改造，建设智慧工厂，开启了玻纤复材行业工厂生产、管理信息化、自动化、智能化的新时代。

（二）玻璃纤维行业

1.产能结构持续优化

2015年，全行业玻璃纤维纱323万吨，同比增长4.87%，全年增速较2014年回落。其中池窑纱产量304.5万吨，同比增长6.73%，占玻纤纱总产量的94.27%，较去年继续增长1.6个百分点；坩埚拉丝产量18.5万吨，同比下降18.5%，近年来球窑产能规模萎缩，代铂坩埚纱产能逐步减少。在市场调节和全行业努力下，玻纤纱产能持续优化。如图7-7所示。

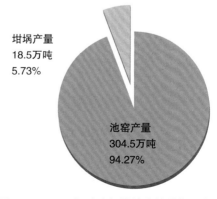

坩埚产量
18.5万吨
5.73%

池窑产量
304.5万吨
94.27%

图7-7　2015年玻璃纤维纱产能结构示意图

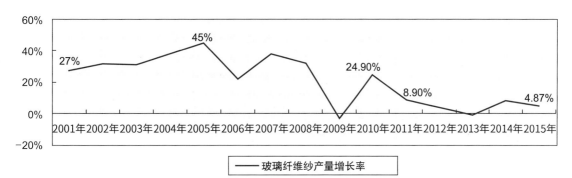

图 7-8 2001—2015 年玻璃纤维纱产量增长率示意图

在行业政策引导和市场调节的双向作用下，全行业成功扭转了玻纤纱产能过快增长的势头。"十二五"规划期间，玻纤纱产量一直保持与国民经济同步增长（图 7-8）。企业针对市场进行应用研究并逐步调整产品结构，优化生产成本。自 2014 年始，大部分玻纤企业实现了量价齐升，利润大幅提升。玻纤纱产品供求关系良好，市场需求稳定，产能利用率高位运行。下游风电、热塑产品等应用领域的需求增长使行业呈现良好景气度。受下游电子通信、建筑需求持续疲软的影响，电子纱、网布仍旧势弱。

2. 进口产品结构优化

2015 年，玻璃纤维及制品进口数量 23.3 万吨，同比下降 4.8%；进口额 8.88 亿美元，同比下降 8.7%。玻璃纤维及制品进口均价 3808.78 美元／吨，同比下降 4%。

随着国内风电及其他细分市场需求的波动，进口玻纤及制品的结构也在发生变化，如图 7-9 所示。玻璃纤维粗纱进口量 5.8 万吨，同比增长 90.06%，进口均价从 2015 年 5 月开始持续上涨，到 12 月达到 1221.58 美元／吨，同比增长 37.94%。与粗纱进口量大幅上涨形势相反的是，玻璃纤维细纱进口数量 2.17 万吨，同比下降 52.77%，均价提至 4068 美元／吨，同比增长 41.43%。进口细纱在年底突破 4000

美元／吨的均价。玻璃纤维薄片（巴厘纱）进口量 2206 吨，同比增长 126.73%，进口均价降至 5656 美元／吨，较上年同期下降了 43.9%。

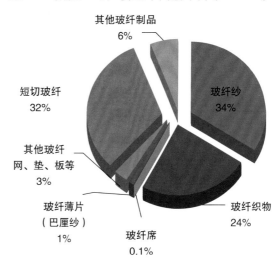

图 7-9 2015 年玻纤及制品进口产品结构图

3. 出口数量回落，贸易顺差 11.63 亿美元

2015 年玻纤及制品出口数量 124.9 万吨，同比下降 3.2%；出口额 20.5 亿美元，同比下降 0.7%；出口均价 1640.86 美元／吨，同比增长 2.6%。贸易顺差 11.63 亿美元，同比增长 6.4%。

玻璃纤维粗纱出口量 56.05 万吨，同比下降 4.1%，出口均价 972.4 美元／吨，低于进口均价 249 美元／吨。玻璃纤维细纱出口量 4.23 万吨，出口额 0.9 亿美元，出口均价 2130.5 美元／吨，较前几个月有所回落，但仍高于上年同期价格。深加工制品出口方面，各主要产品仍保持增长势头，且出口价格均有所增长。2015 年玻纤及制品出口产品结构图如图 7-10 所示。

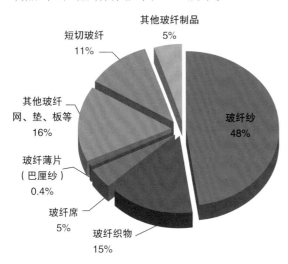

图 7-10　2015 年玻纤及制品出口产品结构图

（三）纤维增强复合材料行业

随着风电、轨道交通、城市基建、环保等领域市场需求的增加，带动复合材料制品市场持续升温。2015 年，纤维增强塑料制品全行业总产量约为 456.71 万吨，同比增长 5.36%。其中，纤维增强热固性产品产量为 280.31 万吨，同比增长 3.06%；纤维增强热塑性产品产量为 176.4 万吨，同比增长 9.23%。2015 年热塑性与热固性复合材料产品产量比如图 7-11 所示。

1. 热塑性复合材料制品

热塑性复合材料因其制件成型周期短、冲击强度高等特性得到市场认可，随着汽车、高铁、电子电气等领域的需求日益增加，热塑性复合材料蓬勃发展。国内热塑性复合材料仍延续了前两年的发展速度，在复合材料制品总量中的比例保持逐年稳定增长趋势，占国内纤维增强塑料制品行业总产量的 38.6%。其中工程塑料产量 146.4 万吨，同比增长 8.44%，仍是热塑性复合材料制品的主要类型。近年来随着 GMT、LFT、LFT-D 及 CFT 相关工艺与装备的逐步成

熟，其产量和应用规模正在快速增长。重点玻纤企业加大对热塑性增强纱的研发与生产力度，以满足下游市场需求。各大装备企业加强对热塑性复合材料成型工艺及装备的生产与研发。

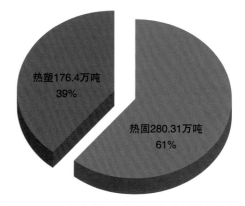

图 7-11　2015 年热塑性与热固性复合材料产品产量比

2. 缠绕制品

2015 年缠绕制品总产量 75.08 万吨，同比增长 5%。产品主要包括输（排）水管类产品、石化及食品用储罐、高压管道、脱硫塔、车载气瓶等。近年来双壁储油罐、大型储罐得到重点研发与应用拓展，连云港中复、胜利新大等单位在大型玻璃钢储罐的生产技术方面取得突破，整体缠绕成型了一批容积在 5000 立方米以上的特大型储罐，用于化工、食品酿造等领域。随着复合材料行业快速发展，复合材料设备国产化的需求越来越多，各装备厂加大了对缠绕设备的研发。近两年具有自动化程度高、产品质量稳定、绿色环保等特色的连续缠绕工艺得到快速发展。

3. 拉挤制品

2015 年复合材料拉挤制品产量约 30.56 万吨，同比增长 5%。产品主要包括复合材料塔杆、复合材料桥架、复合材料电缆支架、碳纤维复合芯导线等电力绝缘类产品，桥梁、隧道、地铁疏散平台等基础设施建设用型材产品以及化工防腐、体育设施等领域的制品。近年来，聚

氨酯拉挤型材成为研发热点——聚氨酯树脂体系应用于拉挤成型工艺，具有成型周期更短、生产率高、生产现场无苯乙烯挥发等优点，产品包括聚氨酯拉挤窗框、聚氨酯轨道枕木、聚氨酯梯子等。

4. SMC/BMC 制品

2015 年 SMC(片状模塑料) 和 BMC(团状模塑料) 制品产量约 36.21 万吨，同比增长 2%。SMC/BMC 制品主要应用于汽车、建筑、电力设备等领域，产品主要包括 SMC/BMC 模压汽车部件、电力开关柜、电表箱和绝缘零部件、建筑人造石等。此外，压制板材类产品近年异军突起，尤其是夹层板类产品在轨道交通、商用车、船舶、体育器材等领域的应用快速增长，成为兼具结构与功能性的轻质高强材料。

5. 连续板材制品

2015 年连续板材类制品产量 17.71 万吨，同比增长 10%。连续板材类产品，尤其是采光板类产品在汽车厢体板、工业厂房、农牧业等领域受到越来越多的关注。

6. 风电复合材料制品

2015 年，以风电叶片为主体的液体模塑成型制品产量 37.23 万吨，同比增长高达 38%。

受风电上网电价调整的影响，2015 年我国风电新增装机容量达到历史最高水平。据中国可再生能源学会风能专委会初步统计，2015 年中国风电新增装机 3050 万千瓦，占全球新增装机量 48.4%。截至 2015 年底，中国累计装机量达到 14510.4 万千瓦，占全球 33.6% 的市场份额。随着近年风电市场的快速发展，对风电复合材料制品的材料性能、结构、工艺和技术指标要求越来越高，如对高性能玻纤、高模量玻纤织物的使用和生产工艺的优化，叶片一体化成型技术的应用进一步推动了风电产业的发展。中复连众连云港叶片工厂 MES 系统（生产执行系统）的正式上线运行，标志着叶片生产管理迈入数字化管理时代。

鉴于空气严重污染以及应对气候变化，清洁能源逐步取代化石能源已经成为我国能源消费的基本国策。原材料及叶片企业要在推进高性能复合材料在风电领域中的应用以及满足未来风电大型化、智能化、轻量化发展需求方面下功夫，同时关注风电"十三五"规划及相关产业政策，及时调整运营思路。2001—2015 年我国新增及累计风电装机容量如图 7-12 所示。

图 7-12 2001-2015 年我国新增及累计风电装机容量

数据来源：CWEA，图中显示数据为累计装机容量。

7.手糊成型工艺制品

2015年手糊成型工艺制品产量83.52万吨，同比下降10%，在纤维增强塑料制品行业总产量的比重下降到18%。手糊成型工艺生产效率低、操作者技术水平对制品质量稳定性影响大，适用于做小批量、多品种的异型产品，其他可用机械化、自动化生产设备替代。2015年我国复合材料制品结构如图7-13所示。

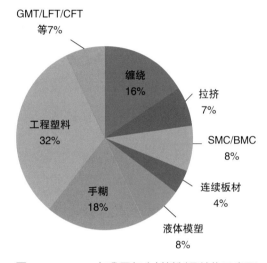

图7-13　2015年我国复合材料制品结构示意图

二、未来走势与发展建议

1.理性发展，有序增长

我国玻璃纤维行业经过高速发展阶段、金融危机震荡以及产业政策调整后，目前已进入稳定增长期，整个行业的发展更为理性，新增产能增速放缓，企业更倾向于产品结构的调整，注重差异化发展，提升产品质量和附加值水平，而复合材料应用领域的拓展成为推动玻纤行业增长与发展的引擎，产能有序增长，禁止盲目建设。今后总产能仍需控制，行业准入条件要严格执行。增强企业的自律意识和行业大局观，坚决打击陶土玻璃纤维及其制品、陶土玻纤增强复合材料制品，坚决抵制低价竞标和恶性竞争，维护行业健康有序的竞争和发展秩序。

2.规划、战略必不可少

2015年建材行业增速回落，行业效益严重下滑。在这种严峻的经济形势下，中国巨石、泰山玻纤、中复连众、胜利新大等企业却逆势增长，效益大幅提升；中小企业如华源新材通过严谨规划、科学生产，提升了企业的核心竞争力。社会各界对玻纤/复合材料行业给予高度重视。同时随着新三板市场的逐渐成熟，被越来越多的中小企业接受，2015年不少玻纤/复合材料企业成功在新三板着陆，以更规范的管理迎接时代的洗礼。龙头企业的力量固然不可忽视，数量众多的中小玻纤/复合材料企业更应该做好谋篇布局的工作，以专补全、以小补大、专精致胜。通过差异化经营，避开大企业的规模化竞争，避开其他企业的同质化竞争，从而彻底甩开低成本竞争市场。一年之计在于春，企业如何降本增效、如何把握时代给予的发展机遇，一定要量体裁衣，制定适合自身企业发展的规划战略，有的放矢，科学发展。

3.提升标准体系，引导实施品牌化发展

提高现有标准体系的内在和应用性能指标，规范行业和市场秩序。加快新产品标准的制定出台，保障新产品开发与应用。努力提高标准国际化水平，积极参与国际标准化活动，增强国际话语权。重视企业标准，引导企业实施品牌化发展。以优化产业结构和市场结构为导向，积极建立和发展协会标准体系。将部分先进企业标准上升为行业标杆，引导行业不断发展进步。

4.智能制造，绿色生产

国家工业和信息化部今年公布了2015年智能制造试点示范项目名单，泰山玻璃纤维有限公司"玻璃纤维智能工厂试点示范"项目成为全国首批入选项目，为玻纤行业节能降耗、智能控制、绿色发展等发挥了良好的示范带头作用。高度自动化、信息化的生产线树立了玻纤行业"中国制造"的良好形象。巨石集团也通过机器换人和自动化改造，全力打造智慧工厂，实现了信息化系统的实时自动管理。江苏长海采用智能化生产设备，替代了人工操作，对关键性的数据和设备的运行状态进行自动化监测，同时对物流系统和仓储体系进行了自动化升级。此外，复合材料格栅自动生产线、机器人缠绕机、全自动化气瓶FW生产线均已推向市场，未来风电市场也在探索建设智能风场，下游应用领域对复合材料行业机械化、自动化、智能化装备提出了要求。"推进两化融合，建立智能工厂"是行业发展的必然趋势。

在后金融危机影响及国内各行各业转型升级的大环境下，纤维/复合材料行业"十二五"规划已经轰轰烈烈收官，"十三五"规划悄然掀开历史篇章。2016年全行业确保销售额、利润增长10%，开发新产品，拓宽新市场。新时期的纤维复合材料行业，需要我们的智慧与魄力对其进行谋局布篇，行业发展之舵必须牢牢掌握在我们手中，科学规划，稳扎稳打，向行业"十三五"规划制定的目标进军！

第七节　科技支撑，绿色发展，铸梦全球

2016年以来，全球经济运行总体平稳，但面临的风险也日趋加剧。2016年三季度，我国政府继续推进供给侧改革，同时推出一系列稳增长措施，主要经济指标平稳增长，经济增长略超市场预期，成绩来之不易。

通过政府部门、行业协会、行业企业的共同努力，玻纤总量得到显著控制。在国家新一轮环保、节能等政策背景下，国内落后产能的淘汰步伐进一步加快，高端产品的比重进一步提高，产能结构优化明显。玻纤市场需求量稳定增长，风电产品、热塑性工程塑料、环保节能领域为需求注入新动力。

一、巨石集团荣获国家科学技术进步二等奖

科技是第一生产力，中国玻璃纤维工业能领跑国际，自然离不开科技的强大支撑。2016年度国家科学技术奖励大会上，巨石集团自主研发的"高性能玻璃纤维低成本大规模生产技术与成套装备开发"项目荣获国家科学技术进步二等奖，中国巨石总裁、巨石集团董事长兼首席执行官张毓强作为项目第一完成人参加了会议并领奖。

该获奖项目由巨石集团有限公司独立承担，这是除"工人、农民技术创新组"之外，2016年度全国唯一由单个企业独立承担并获奖的科技进步奖项目。为了达到高性能、大规模，同时实现低成本、绿色生产的目标，项目研发团队历经5年的刻苦攻关，提出了研发新配方、开发成套技术及装备、绿色制造技术等创新思路，通过实施一系列措施，解决了玻璃纤维高性能与规模化之间的核心技术瓶颈，实现了项目目标。

这一项目的研发成功，标志着高性能玻璃纤维由美国一家独大的时代结束了。过去美国公司拥有定价权，高性能玻璃纤维卖到每吨一万五千元左右，就在巨石集团进行大规模生产以后，每吨的价格大幅度降低，同时，巨石集团还通过余热利用、中水回用等绿色技术进一步降低消耗，因而在绿色能耗方面也领先于对手，一举打破了国外垄断。

除了为下游企业带来福利，这一基础研究的突破，也为大型风电、高端汽车制造等产业的后续发展提供了可能性。以风力发电行业为

例，随着大功率风电机组的不断升级，风力发电叶片所需的高性能玻璃纤维也需要不断提升性能，有了基础材料的支持，为大功率风力发电机组的后续研发提供了可能性。

据了解，该项目超越并引领全球高性能玻纤大规模生产技术，解决了高性能玻纤的供需矛盾，提高了我国基础材料制造水平，共拥有授权专利 36 项，含美国等国际发明 5 项，国内发明 17 项。前三年已累计销售 173.16 亿，更率先走出国门，在埃及建成示范生产线，实现了我国玻璃纤维行业首次国外技术输出。

此项目成果的推广应用对推动我国玻璃纤维工业结构调整、节能减排、引领行业进步、提升下游复合材料产品性能具有重要意义，提高了我国基础材料制造水平。项目整体技术达国际先进水平，其中在窑炉规模、单通路炉位数上达国际领先水平，成功实现了我国玻纤行业首次向国外的技术输出，经济和社会效益显著，市场前景广阔。

二、将中国巨石打造成世界一流企业

近几年，中国巨石似乎接连经历了不少大事件，继总部迁址桐乡、巨石加冠"中国"之后，股票增发成功，入选金牛上市公司百强榜，智能制造项目被国家工信部正式立项，首个玻纤智能制造基地在桐乡奠基，埃及二期项目顺利投产，美国建厂工作正式启动，E8 高模量玻璃纤维推向市场。在市场低迷的情况下，出口继续稳步增长，经营业绩再创新高，行业影响力和社会美誉度进一步提升。

（一）一步跨越太平洋，深入推进全球化

2016 年 5 月 28 日，中国巨石投资美国南卡罗来纳州建设 8 万吨玻纤生产线项目正式签约。这是继巨石埃及项目之后，中国巨石在全球经济一体化进程加快、国际竞争日趋激烈的背景下，结合行业和企业实际情况做出的重大战略决策。巨石美国项目计划总投资 3 亿美元，玻纤年产能 8 万吨，本着"以外供外"的总体原则，产品将全部供应北美市场。项目于 2016 年年底前开工建设，预计 2018 年建成投产。

"我们要在美国建厂，就是为了做到市场前移、研发前移、人才前引。"中国巨石股份有限公司总裁、巨石集团董事长兼 CEO 张毓强说。在美国建厂，是对"工厂在海外，收益在家乡，资源用境外，回报在国内"发展路径的一次尝试。从单纯产品出口，到玻纤产能的战略转移，中国巨石正在向海外生产基地生产的产品直接销售到国外市场转型，打破"以内供外"，实现"以外供外"，拓展"两头在外"的发展路径。

早在 1995 年，中国巨石的产品就出口到美国，后来又在美国建立了贸易型海外公司。经历了 20 多年的长跑，中国巨石已成长为"高富帅"，这才有底气追求"白富美"。在选择投资美国之前，中国巨石做了大量的投资、调研、分析和对比。一方面，美国是玻璃纤维的发源地，也是全球最大的玻纤生产国和消费国之一，是玻纤工业产业化水平最高、市场领域最广、人才资源最丰富之地。另一方面，美国拥有丰富而优质的能源资源、矿产资源、健全的政府培训政策、较低的土地成本和能源成本。

在美国投资建厂是中国巨石进一步国际化，充分参与国际竞争的需要，很多大客户分布在美国，有近 10 万吨的年销售量。美国建厂有利于更好地贴近市场，更好地服务客户，进一步增强客户信心，构建更加完善的服务和研发体系。美国拥有全球最发达的下游应用领域和丰富的高端玻纤研发、生产、管理人才，

将工厂直接面对市场将有利于有效促进产品研发。

在美国建厂得益于"先建市场，后建工厂"的发展理念。从"为什么要买中国巨石的产品"到"为什么不买中国巨石的产品"，一字之差，深刻反映出中国巨石产品在美国占有一席之地的不容易，也充分说明目前中国巨石品牌已经在美国生根发芽。

在美国建厂，一方面说明了中国巨石坚定实施"布局国际化、市场全球化"战略的信心，另一方面证明了作为行业领军者的中国巨石，已经具备了在世界上任何国家建设一流玻纤生产线的实力、能力和竞争力。

（二）巨石埃及再升级，海外建厂之典范

2016年6月初，埃及二期年产8万吨池窑拉丝生产线点火投产，三期项目正在紧张的建设中，整个埃及年产20万吨玻纤生产基地计划在2017年三季度完成。

埃及是陆上丝绸之路和海上丝绸之路的交汇点，是"一带一路"战略的重要节点。两年前，埃及一期项目年产8万吨池窑拉丝生产线建成投产，成为中国在埃及投资金额最大、技术装备最先进、建设速度最快的工业项目，也是我国在海外建设的首条大型玻纤生产线，填补了北非地区玻璃纤维生产的空白。

经过近3年的发展，该项目稳步运行、规模逐渐扩大，中埃文化日益融合，公司本土化进程也在快速推进，给在埃及的中资企业提供了宝贵的经验，也对其他走出去的中国企业具有借鉴意义。中埃员工比例从投产之初的1∶10，发展到目前的1∶30，直接解决当地就业1500余个，带动上下游企业入驻解决就业1000余个。值得一提的是，工厂里埃及管理干部从无发展到目前超过50%的比例。出

于尊重当地工人生活习惯的考虑，公司还特意为有穆斯林信仰的员工修建了祷告室。

在管理上，埃及工厂承担"以外推内"的使命，即以国外的人才来替代国内的人才，还要走出一条"以外管外"的路子，即探索实现当地工厂的管理人员去管理埃及工厂、美国工厂的可能性，最终在产品战略上、人才战略上、管理战略上都走出巨石自己的路子。

埃及公司填补了非洲玻璃纤维制造业的空白，有力地促进了玻璃纤维上下游产业在非洲大陆的发展，带动了相关产业的集群发展。公司95%以上的产品出口到欧洲、中东等地，有效地为埃及政府创造了外汇，推动了经济的发展和稳定。

中国巨石在埃及建厂的成功经验还得到了中国政府的认可，2016年1月，国家主席习近平访问埃及，中国巨石总裁张毓强作为中方企业家代表受到亲切接见。埃及项目的成功建设，说明中国巨石已经拥有全套自主生产技术移植到国外的能力，埃及项目是中国巨石国际化人才的"孵化器"、全球化管理的"试验田"、巨石文化的"播种机"。

（三）自主研发新产品，高端技术引潮流

多年来，中国巨石依靠创新战略的推广，通过拿来创新、交流创新、自主创新等方法，在技术研发、产品开发、自主创新能力建设等方面取得了突出的成绩，逐步建立了以自主研发为核心、产学研相结合、技术引进为补充的技术创新体系，不断实现从技术跟随者到技术引领者的蜕变。

目前，中国巨石已经拥有一批具有自主知识产权并达到世界一流水平的核心技术，如大规模玻纤池窑技术，全自动物流输送技术，大漏板技术，专有浸润剂技术，纯氧燃烧技术，

E6、E7、E8 等一系列高性能玻璃纤维，使企业形成了较强的核心竞争力，站上了玻纤技术的制高点。

2016 年 4 月，在 2016 中国国际风电复合材料高峰论坛上，中国巨石首次对外发布自主研发的新一代玻纤产品"E8 高模量玻璃纤维"。它是中国巨石在成功开发 E7 玻璃纤维后，围绕供给侧改革，主动进行产品结构调整，针对高端产品领域全新推出的新产品。

E8 采用全新的玻璃配方，结合无硼无氟的环保设计，形成独特的玻璃熔制技术和拉丝成型技术，它既有主流无硼 E 玻璃纤维的主要优势，又在模量、强度、抗腐蚀性等方面取得技术突破。因此，更适合应用于高模高强、抗疲劳、耐高压、抗腐蚀等特殊领域，如大型风力叶片、汽车制造、高压容器、航空军工、体育设施、工程基建、海水淡化等。以风力叶片的应用为例，采用 E8 玻璃纤维能让叶片获得更高的刚度，降低同等风力情况下的叶片变形程度，提高叶片使用的安全性及寿命，使叶片制造商能够生产叶型更大、风区适应性更广的风力叶片，降低终端客户的使用成本。

坚持创新驱动，练内功、强筋骨，让中国巨石从过去的规模领先走向如今的技术领先，从单纯依靠扩大规模实现增长转变为靠高附加值、高技术来实现增长。

（四）智能制造新模式，行业革新先行者

在中国巨石第 22 届国际玻纤年会期间，中国巨石新建的智能展示中心开馆试运行，年会的嘉宾便是中国巨石智能展示中心的第一批客人。在 360 度全景展示部分，参观者站在原地便能实时观看拉丝、络纱、检装等玻纤生产作业情况，仿佛置身于生产现场；全息影像技术用三维的方式全方位立体化地将玻璃纤维在高端领域的应用淋漓尽致地展示出来，让参观者真切地感受到巨石产品的"高大上"；在游艇上通过 VR 技术实现虚拟与现实的互动，参观者可以乘坐玻纤做的游艇前往巨石的桐乡、九江、成都、埃及、美国生产基地；未来影院里，巨石精灵动画人物将带领大家来到 2050 年的世界，感受玻璃纤维给人类生活带来的翻天覆地的变化，智能工厂、交通运输、家居生活、智能制造、星际空间、医疗休闲……

在参观现场，讲解人员手上的 ipad 轻轻一点，就可以实现展示厅 360 度大屏和桐乡本部、九江、成都、埃及生产基地的视屏监控以及 360 度全景影片的切换，几乎每个视频展项的切换，都可以用小小的 ipad 和手机实现。工业化与信息化不断融合，中国巨石积极响应国家号召，提升企业智能化水平，不说生产车间的"机器换人"已经成为常规推手，全新的智能展示中心便是公司智能化水平提高的又一体现。

发展智能制造、建设智能工厂既是巨石实现数据透明化、业务协同化、工艺精准化、装备智能化、研发仿真化的生产模式变革的内在要求，也是重塑巨石新优势、抢占产业发展制高点的必然选择，对于巨石打造信息技术背景下的新型竞争优势（新型创新能力）具有重要意义。

2016 年 6 月，在工业和信息化部、财政部发布的《关于 2016 年智能制造综合标准化与新模式应用项目立项的通知》中，巨石玻璃纤维智能制造项目位列浙江省 7 个项目之中。

该项目通过生产线的硬件改造和先进控制系统的全面整合，来打造智能制造，使技术水平能在现有基础上再一次提升，提升企业在制造过程中人力、物力、财力的利用效率，更重要的是解决企业针对多品种、小批量、个性

化订单如何柔性生产的问题，同时通过大数据的积累和分析，帮助企业指导优化生产效率、提升质量控制水平。据悉，该项目将于2018年底完成改造工作。届时，企业"智造"水平将全面提升，通过生产装备智能化、工艺布局集约化、流程信息协同化、质量监测在线化、研发优化仿真化等生产新模式的应用，构建产业生态圈协作、共享、互利的产品全生命周期价值链，全面提升产品质量和服务水平。届时生产全流程工艺数据自动数采率将达99%以上，自控率95%以上，实现生产实时数据与过程控制、生产管理系统互联互通，制造排产系统（APS）、研发管理系统（PLM）制造执行系统（MES）与企业资源计划管理系统（ERP）业务集成。安全可控的核心智能装备得到广泛应用，企业生产效率、能源利用率有较大提升，制造成本、产品不良率以及产品研制周期进一步降低和缩短，形成部分发明专利及企业或行业相关标准草案。

围绕这一目标，巨石将分三个步骤开展，分别为：通过自动化改造及MES部署，建设数字化工厂；通过工业化与信息化深度融合，初步形成智能制造体系；深入大数据应用，结合虚拟/现实技术系统优化生产。目前，中国巨石已经完成对生产线自动化改造，包括智能装备更新，窑炉工艺的提升优化，正在实施MES的建设。

同时，中国巨石的玻纤产业智能制造新基地，将严格按照工业4.0的要求进行设计，从玻纤制造的纵向信息物理系统的集成和产品生命周期端到端（C2M）的整合以及企业内外横向协同三个维度，全方位利用互联网+、云计算、大数据等信息技术与工业化充分融合，两者相辅相成，实现玻纤智能化、精益化生产，从而进一步引领全球玻纤工业的持续、健康发展。

经济步入新常态，依靠廉价劳动力等资源要素驱动的低成本竞争时代已一去不复返。企业要打造新的核心竞争力，必须向创新驱动转型。当然，这个过程绝非一蹴而就，需要科学的战略和精准投入。转型过程可能会经历波折，但是闯过去，就是一片新天地。

三、三家企业入选第一批制造业单项冠军示范（培育）企业名单

2017年1月24日，工业和信息化部公布了第一批制造业单项冠军示范（培育）企业名单。中国玻璃纤维/复合材料行业中三企业入选：巨石集团有限公司和胜利油田新大管业科技发展有限责任公司分别凭借"无碱玻璃纤维、无捻粗纱"和"纤维增强塑料输油管"入选示范企业名单，常州市宏发纵横新材料科技股份有限公司以"高性能纤维经编增强材料"入选培育企业名单。

制造业单项冠军培育计划是工信部为引导中国制造企业专注创新和产品质量提升，推动产业迈向中高端，带动中国制造走向世界而推出的专项行动。该计划在实施之初，曾广泛征集各方意见和建议，中国玻璃纤维工业协会也曾于2015年底参与工信部组织的制造业单项冠军企业培育提升工作座谈会。制造业单项冠军企业，是指长期专注于制造业某些特定细分产品市场，生产技术或工艺国际领先，单项产品市场占有率位居全球前列的企业。实施单项冠军企业培育计划的目的，一方面是要引导企业注重细分产品市场的创新、产品质量提升和品牌培育，带动和培育一批企业成长为单项冠军企业；另一方面是要促进单项冠军企业进一步做优做强，巩固和提升其全球地位，加强企业发展模式和有益经验的总结推广，让更多的单项冠军企业带领中国制造走向世界，提升

我国制造业核心竞争力，促进制造业提质增效升级。

《制造业单项冠军企业培育提升专项行动实施方案》（工信部产业〔2016〕105号）于2016年3月16日印发。根据该方案，到2025年，要总结提升200家制造业单项冠军示范企业，巩固和提升企业全球市场地位，技术水平进一步跃升，经营业绩持续提升；发现和培育600家有潜力成长为单项冠军的企业，支持企业培育成长为单项冠军企业，总结推广一批企业创新发展的成功经验和发展模式，引领和带动更多的企业走"专特优精"的单项冠军发展道路。随后，《工业和信息化部办公厅关于组织推荐2016年度制造业单项冠军示范（培育）企业的通知》于2016年4月19日正式发布。中国玻璃纤维工业协会/中国复合材料工业协会积极组织企业参与申报，共推荐了胜利油田新大管业科技发展有限责任公司等6家企业参与评选，并为巨石集团有限公司等以其他渠道申报的企业出具了相关证明材料。

经企业自主申报、地方工业和信息化主管部门及有关行业协会推荐、专家论证和网上公示等程序，第一批制造业单项冠军示范（培育）企业名单顺利出炉。首批共选出示范企业54家，培育企业50家，巨石集团有限公司和胜利油田新大管业科技发展有限责任公司两家企业入选示范企业名单，常州市宏发纵横新材料科技股份有限公司入选培育企业名单。企业入选数量居建材各行业之首。

巨石集团有限公司是目前全球最大的玻璃纤维生产商，公司多年来一直在规模、技术、市场、效益等方面处于领先地位，其中无碱玻璃纤维无捻粗纱和无碱短切玻璃纤维是其最主要的细分领域，全国及全球市场占有率名列前茅，上榜该名单实至名归。

胜利油田新大管业科技发展有限责任公司凭借多年来在玻璃钢管道行业强大的技术创新研发实力、高可靠性的产品质量以及领先的全球市场业绩，以其主营产品"纤维增强塑料输油管"的雄厚实力上榜，成功入选"全国制造业单项冠军示范企业"，跃居复合材料行业翘楚。

常州市宏发纵横新材料科技股份有限公司近年来立足于新能源产业，逐步成长为高性能纤维复合材料织物的专业制造商，此次以"高性能纤维经编增强材料"产品入围首批制造业单项冠军培育企业名单，成为业内最具冠军"潜力"的企业。

纤维复合材料生产企业进入制造业单项冠军企业名单，不仅是对企业本身已有成绩的一种认可，也为行业发展树立了标杆和方向，更为企业自身长远发展增添了动力。在国家政策的支持下，冠军企业应紧紧围绕自身主营业务和目标市场，进一步做专、做精、做强，加大研发投入，持续提升技术创新能力，全面巩固和提升全球市场地位。其他业内企业也应以冠军企业为榜样，做好专业化、差异化经营，争做细分市场的"专家企业"和"隐形冠军"。中国玻璃纤维工业协会、中国复合材料工业协会也将积极跟进工信部制造业单项冠军培育计划，组织行业内的重点企业进行申报，支持企业在不同细分市场做强做大。同时协会也将一如既往地加强服务，指导企业开展对标，提供培育提升诊断咨询服务，推广典型经验，愿越来越多的企业加入到这个行列中来，成为行业转型升级的中流砥柱！

第八节　结语

面对国内外错综复杂的经济环境，全行业

坚持稳中求进的工作总基调，迎难而上，主动作为，纤维复合材料行业在新常态下实现总体平稳、稳中有进、稳中提质，产业结构进一步优化，对外贸易保持增长，创新能力不断增强，制品深加工发展如火如荼，新应用领域不断拓展，企业"走出去"硕果累累，行业协会也加快了"走出去"的步伐——与美国、亚太各国纤维复合材料行业组织建立了友好合作关系。行业准入稳扎稳打，复合材料制品行业的健康有序发展将指日可期。

未来，我国经济运行仍面临不少困难和挑战，行业创新能力亟需提升，复合材料行业集中度尚待提高，结构调整阵痛和部分经营风险显现，纤维复合材料行业将面临重大的发展机遇，也会面临着更为严峻的市场考验。我们要主动适应，及时调整，积极探索新常态下促进企业发展的新办法、新方式和新的效益增长点。

改革仍将是最动人心魄的时代强音，行业的发展重心将是调整产业结构、产品结构以及发展方向实现与国际接轨，努力发展热塑性复合材料制品，节能环保是行业唯一出路，以此破解纤维复合材料在发展新常态下面临的难题，化解来自各方的风险挑战，别无他途。惟其之难，让我们更加团结，奋发努力；惟其之进，使我们信心百倍，步伐坚定。

在这重大的历史机遇期，行业协会始终和行业全体同仁一起，团结奋斗，携手共进，带着决心与勇毅，在实现纤维复合材料腾飞的道路上，突破藩篱，攻坚克难，向着明天远航，迎接中国纤维复合材料行业发展的又一个春天！

中国玻纤工业响当当的金字招牌一定会誉满全球，中国玻纤这条巨龙定会扶摇直上，强劲地盘旋在世界上空！

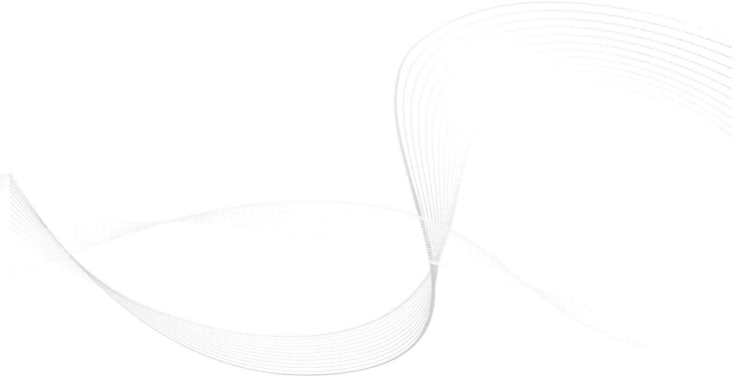